计 算 机 科 学 丛 书

链接器和加载器

[美] 约翰·R. 莱文（John R. Levine） 著

宫晓利 张金 译

Linkers and Loaders

机械工业出版社

CHINA MACHINE PRESS

图书在版编目（CIP）数据

链接器和加载器 /（美）约翰·R. 莱文（John R. Levine）著；宫晓利，张金译 . -- 北京：机械
工业出版社，2022.4（2023.4 重印）
（计算机科学丛书）
书名原文：Linkers and Loaders
ISBN 978-7-111-70372-3

Ⅰ. ①链…　Ⅱ. ①约… ②宫… ③张…　Ⅲ. ①程序链接 – 程序设计　Ⅳ. ① TP311.561

中国版本图书馆 CIP 数据核字（2022）第 046030 号

北京市版权局著作权合同登记　图字：01-2020-4203 号。

Linkers and Loaders
John R. Levine
ISBN: 9781558604964
Copyright © 2000 by Academic Press. All rights reserved.
Authorized Chinese translation published by China Machine Press.
《链接器和加载器》（宫晓利 张金 译）
ISBN: 9787111703723
Copyright © Elsevier Inc. and China Machine Press. All rights reserved.

注意

本书涉及领域的知识和实践标准在不断变化。新的研究和经验拓展我们的理解，因此须对研究方法、专业实践或医疗方法做出调整。从业者和研究人员必须始终依靠自身经验和知识来评估和使用本书中提到的所有信息、方法、化合物或本书中描述的实验。在使用这些信息或方法时，他们应注意自身和他人的安全，包括注意他们负有专业责任的当事人的安全。在法律允许的最大范围内，爱思唯尔、译文的原文作者、原文编辑及原文内容提供者均不对因产品责任、疏忽或其他人身或财产伤害及 / 或损失承担责任，亦不对由于使用或操作文中提到的方法、产品、说明或思想而导致的人身或财产伤害及 / 或损失承担责任。

出版发行：机械工业出版社（北京市西城区百万庄大街 22 号　邮政编码：100037）

责任编辑：曲　熠		责任校对：殷　虹	
印　　刷：固安县铭成印刷有限公司		版　　次：2023 年 4 月第 1 版第 2 次印刷	
开　　本：185mm×260mm　1/16		印　　张：11.75	
书　　号：ISBN 978-7-111-70372-3		定　　价：79.00 元	

客服电话：（010）88361066　68326294

英国作家道格拉斯·亚当斯说道："任何在我出生时已经有的科技都是稀松平常的世界本来秩序的一部分。"

链接器和加载器技术在程序员的世界里存在感并不强，甚至可能说是透明的。但它却是连接编程语言、操作系统、编译器、处理器体系结构的要害关键之处。如果单纯从应用的视角来看，链接隐藏在编译工具链之后，加载更是"双击"操作之后"自然"完成的。但是，实际上这个过程中包含对指令格式的分析、硬件寻址的过程、未来兼容性的设计、操作系统的支持等多种复杂的技术细节。当我们还在为操作系统和工业软件卡住"喉咙"而警醒的时候，殊不知这些看似成熟稳定到可以被忽视的技术细节，才是操作系统和工业软件的"脖颈"。如果要培养能够通透地理解计算机系统的人才，需要在后摩尔定律时代重新定义软件和硬件系统，而不理解这些知识就无法从根本上达到这一目的。

本书由"大神"John R. Levine教授所著，虽然篇幅较短，却是高屋建瓴，包罗万象，讲述了链接器和加载器一路走来的发展过程和当时展望的多种技术方向，非常值得读者细细研读。"大神"毕竟不同于常人，书中有激烈的思维跳跃，有晦涩难懂的超长句子，也有作者对同行的调侃。译者谨凭着自己的理解试图跟上作者的思路，并写下大量的译者注以期减轻读者的负担，如有贻笑大方或误导之处，恳请读者海涵。

本书英文版于2000年著成，虽已时隔20余年，但仍有很多可取之处。虽然有些书中畅想的技术已经广泛运用，但也有一些被认为是很有前景的方案则销声匿迹，穿过时光，细细读来，别有一番味道。

原书引入我国后经过多次翻译，如李勇老师翻译出版的正式书籍和colyli@gmail.com发布的在线版本等。本书在翻译过程中，受到了诸多前辈的帮助和启发，在此向他们表示感谢。由于译者水平所限，书中难免出现错误，也请各位前辈、同行以及广大读者批评指正。

译者
于南开园

自计算机出现以来，链接器和加载器可以说一直是最重要的软件开发工具之一。链接器和加载器使得我们可以按照模块来开发程序，而不必开发一个单独的大文件。

早在 1947 年，程序员就开始使用加载器技术。这是一种很初级的加载器工作方式，如果程序的若干个例程（routine）存储在多个不同的磁带上，那么就借助加载器将它们依次加载到内存中，并将它们合并、重定位以组合成一个程序。在 20 世纪 60 年代早期，这些加载器就已经发展得相当完善了，甚至具备编辑的功能。由于当时内存很贵且容量有限，计算机的速度也很慢（以今天的标准），为了充分利用这样的硬件，这些加载器引入了很多复杂的特性。例如，使用复杂的内存覆盖策略解决内存不足的问题，将大容量的程序加载到有限的内存中；使用链接文件重编辑的机制解决算力不足的问题；使用已链接的模块以节省重新编译程序的时间；等等。

20 世纪 70 到 80 年代，链接技术几乎没有什么进展。链接器趋向于更加简单。虚拟内存技术将应用程序和覆盖机制中的大多数内存管理工作都转移给了操作系统，同时，计算机的处理速度变得越来越快，硬盘容量越来越大，这使得程序员在更新个别模块时也可以重新链接整个程序，而不必仅仅链接修改的地方。从 20 世纪 90 年代起，由于增加了诸如动态链接共享库和 C++ 的诸多现代特性，链接器又开始变得复杂起来。处理器技术的发展也促进了链接器的发展。例如，具有长指令字和编译时访存调度等特性的先进处理器架构（在 IA64 处理器中开始出现）需要将一些新的特性加入链接器中，以确保在链接器中生成的代码可以满足处理器的一些复杂需求，从而充分发挥硬件的新特性。

读者对象

本书可供下述几类读者阅读。

- 学生：由于链接过程看起来似乎非常简单，操作的过程也很简捷自然，编译原理和操作系统课程通常对链接和加载的过程缺乏重视。对于使用 Fortran、Pascal、C 进行简单编程的任务，以及不使用内存映射或共享库的操作系统而言，这么做可能是对的；但是现在情况不一样了。C++、Java 和其他的面向对象语言需要更加复杂的链接环境。使用内存映射的可执行程序、共享库和动态链接技术都会影响操作系统的很多部分，操作系统的设计者如果忽略链接问题可能会给系统带来很大的麻烦。
- 程序员：程序员也需要知道链接器都做了什么，尤其是对现代语言而言。C++ 语言在链接器中引入了很多新的特性，如果不能正确理解这一过程，在链接大型的 C++ 程序时就容易产生一些难以诊断的 bug。例如，最常见的情况是静态构造函数没有按照程序员预期的顺序执行。反之，如果能正确合理地使用链接器，就能够发挥共享库和动态链接等特性的强大功能，提高程序的灵活性。
- 编程语言的设计者和开发者。编程语言的设计者应该在构建语言和编译器时了解链接器应该做什么，以及能做什么。在过去的 30 年[一]中必须借助手工完成的编程细节，今天在 C++ 中已经可以借助链接器自动处理了。（想象一下，如何能在 C 语言中实现和 C++ 中的模板（template）相同的功能；或者，对于数百个 C 语言源文件组成的工程，如何保证这些文件中的初始化例程可以在主函数开始之前被正确地执行。为了做到这些，程序员需要完成大量工作。）有了功能更强大的链接器，未来的语言将更加智能，能够自动完成更多的常规任务。由于链接器是编译过程中唯一将整个程序的代码放在一起处理的阶段，因此链接器可以将程序作为一个整体进行变换处理，也可以引入更多的全局程序优化功能。

（编写链接器的人员当然都需要本书。但是全球所有的链接器设计者大概只能坐满一个房间，而且其中至少有一半被邀请作为本书的审阅人，相信他们已经看过本书了。）[二]

章节内容

第 1 章，链接和加载。这一章对链接的过程进行了简短的历史回顾，并讨论了链接过程中的各个阶段。最后通过一个"麻雀虽小，五脏俱全"的例子来展示链接器的工作过程：对于一个"Hello，world"程序，我们分析了以编译好的目标文件为输入，生成一个可执行程序的过程。

第 2 章，体系结构相关问题。这一章从链接器设计的角度分析了计算机体系结构的技术发展方向。我们分析了典型的精简指令集体系结构 SPARC，古老而富有活力的寄存器——内存体系结构——IBM 360/370，以及自成一派的 Intel x86 体系结构。对于每种体系结构，我们会讨论内存架构、程序寻址架构和指令中的地址格式等重要因素对链接器的影响。

第 3 章，目标文件[三]。这一章分析了目标文件和可执行文件的内部结构。本章从分析最简单的 MS-DOS 的 .COM 文件开始，进而不断扩展到其他复杂的文件，包括 DOS 的 EXE 文件格式、Windows 的 COFF 格式和 PE 格式（EXE 和 DLL）、UNIX 的 a.out 格式和 ELF 格式以及 Intel/Microsoft 的 OMF 格式等。

第 4 章，存储空间管理。本章介绍了链接过程的第一个阶段，即以段为单位为被链接的程序分配存储空间。我们以一个实际使用的链接器为例分析了这一过程。

第 5 章，符号管理。本章介绍了符号绑定和解析的过程，这是一个将符号解析为机器地址的过程，程序中的符号可能在一个文件中被引用，而它的定义出现在另一个文件中。

第 6 章，库。本章介绍了关于目标代码库创建和使用的相关知识，并分析了库文件的结构和性能问题。

第 7 章，重定位。本章介绍了地址重定位技术，即调整程序中的目标代码，将指令的目标地址调整为其运行时实际地址的过程。本章还介绍了位置无关代码（Position Independent Code, PIC）的相关技术，使用这种技术构建的代码是无须重定位处理的。本章还分析了这种方法的优势和代价。

第 8 章，加载和覆盖。本章介绍了加载的过程，即将程序从文件中读取出来并装入计算机内存中以供运行的过程。本章还介绍了覆盖技术，一种基于树状结构实现的内存空间节省技术，是一种古老但是行之有效的技术。

[一] 原书于 2000 年出版，距现在已有 20 余年。——译者注
[二] 本书出版于 2000 年，作者描述的是当时的情况。——译者注
[三] object file，编译过程生成的文件。——译者注

第 9 章，共享库。本章讨论了在不同程序中共享同一份库代码需要完成的工作。本章主要关注静态链接的共享库。

第 10 章，动态链接和加载。本章将第 9 章的讨论延伸至动态链接的共享库，并详细分析了两个具体实例——Win32 的动态链接库（DLL）和 UNIX/Linux 的 ELF 共享库。

第 11 章，高级技术。本章着眼于现代链接器技术发生的一些变化。这一章中讨论 C++ 中的一些新特性，包括名称修改（name mangling）、全局构造函数与析构函数、模板扩充和消除重复代码；还介绍了增量链接、链接时垃圾收集、链接时代码生成和优化、加载时代码生成、性能监测和统计。在本章的最后，对 Java 的链接模式进行了简要阐述，它比本书涉及的其他链接器的语义都更加复杂。

项目

本书中将一个完整的开发项目作为贯穿全书的练习（从第 3 章到第 11 章）。这是一个使用 Perl 语言开发的链接器，虽然精简但是可以正常工作。尽管 Perl 并不是实现产品级链接器时所使用的编程语言，但对于学生而言，想在一个学期内完成一个链接器，这是很不错的选择。使用 Perl 省去了很多在 C/C++ 编程中的底层细节，加快了编程速度，使得学生可以把精力集中在链接器相关的算法和数据结构上。Perl 是一个免费软件，可以在当前大多数的计算机上运行，包括 Windows 95/98/NT、UNIX 和 Linux，并且还有很多非常优秀的书籍或文档来指导新手快速上手。

在第 3 章的项目里，构建了一个可以用来读写目标代码的链接器框架，代码的格式虽然简单但却完备。后继章节不断地向这个框架中添加功能，直到最后变成一个支持共享库，能够生成可以动态链接目标代码的功能完善的链接器。

Perl 非常擅长处理二进制文件和数据结构，因此如果你愿意，可以扩展该项目中的链接器，使它可以支持你的计算机上使用的目标文件格式。

致谢

有许多人花费了大量的时间来阅读和评论本书的草稿，感谢他们的慷慨付出。这些人中，有些是来自出版社的审阅人，更多的是来自 comp.compilers 新闻组的读者，他们阅读本书的在线版本并给出了宝贵的建议。下面以姓氏字母顺序列出他们的名字：Mike Albaugh、Rod Bates、Gunnar Blomberg、Robert Bowdidge、Keith Breinholt、Brad Brisco、Andreas Buschmann、David S. Cargo、John Carr、David Chase、Ben Combee、Ralph Corderoy、Paul Curtis、Lars Duening、Phil Edwards、Oisin Feeley、Mary Fernandez、Michael Lee Finney、Peter H. Froehlich、Robert Goldberg、James Grosbach、Rohit Grover、Quinn Tyler Jackson、Colin Jensen、Glenn Kasten、Louis Krupp、Terry Lambert、Doug Landauer、Jim Larus、Len Lattanzi、Greg Lindahl、Peter Ludemann、Steven D. Majewski、John McEnerney、Larry Meadows、Jason Merrill、Carl Montgomery、Cyril Muerillon、Sameer Nanajkar、Jacob Navia、Simon Peyton-Jones、Allan Porterfield、Charles Randall、Thomas David Rivers、Ken Rose、Alex Rosenberg、Raymond Roth、Timur Safin、Kenneth G Salter、Donn Seeley、Aaron F. Stanton、Harlan Stenn、Mark Stone、Robert Strandh、Bjorn De Sutter、Ian Taylor、Michael Trofimov、Hans Walheim、Roger Wong。

本书中的正确结论大部分都是他们努力的结果，而书中的错误都是由作者本人造成的（如果你发现了书中的任何错误，请按下面给出的方式联系作者，以便在后续版本中更正）。特别感谢 Morgan Kaufmann 出版公司的两位编辑——Tim Cox 和 Sarah Luger，他们容忍了我写作过程中一次又一次拖延，并把本书中支离破碎的章节拼凑在一起。

联系作者

本书有一个配套网站 http://linker.iecc.com，上面有本书的样章、工程项目的 Perl 代码和目标文件示例，还有本书的更新和勘误。

如果想联系作者，可以向 linker@iecc.com 发送电子邮件。作者会阅读所有的来信，但可能因收信量过大而无法及时回复所有的问题。

目 录

链接和加载

1.1 链接器和加载器做什么

链接器和加载器的基本工作都非常简单：将抽象的名称与底层的名称绑定起来，以支持程序员使用抽象的名称编写代码。举例来说，程序员编写代码时可以使用一个诸如 `getline` 的名称，而这个名称会被加载器和链接器绑定到一个底层的地址，例如 `iosys` 模块中可执行代码的第 612 字节处，甚至这个地址还可以更加抽象，例如从这个模块的静态数据开始的第 450 个字节处。

1.2 从历史发展的角度分析地址绑定

为了深入理解链接器和加载器做了什么，我们可以看看它们在计算机编程系统的发展中承担了什么角色。

最早的计算机完全是用机器语言进行编程的。程序员需要在纸上用符号写出程序，然后手动地将其汇编为机器码，再通过开关、纸带或卡片将其输入计算机中（据说真正的高手可以直接使用开关来编码）。如果程序员使用符号来表示地址，那他就得在汇编出机器码的过程中手动完成符号到地址的绑定。如果后来发现需要添加或删除一条指令，那么这些绑定的地址就可能发生改变，此时整个程序都必须手动调整一遍，并确保修正了每一个受到影响的地址。

问题就在于名字和地址绑定得过早了。汇编器可以解决一部分问题，它支持程序员使用符号化的名称编写程序，然后由汇编器程序将名称绑定到机器地址。如果程序被改变了，那么程序员就必须重新进行汇编。但是这并不会有太大的麻烦，因为地址分配的工作已经从程序员推给计算机了。

代码库的使用使得地址分配的工作更加复杂。计算机可以支持的基本操作极其简单，实际使用的程序都是由子程序组成的，这些子程序能够实现更复杂的、更高级的操作。计算机在安装时都会安装一些预先编写好、调试好的子程序库，程序员可以在自己写的新程序中直接使用它们，而不需要再次编写这些子程序的代码。然后程序员可以将这些子程序加载到主程序中，从而组成一个完整的、可以工作的程序。

在汇编器出现之前，程序员就已经在使用子程序库了。早在 1947 年，John Mauchly（ENIAC 项目的负责人）就在文章中描述了库的使用过程：在主程序加载的同时，再从磁带中加载一系列特定的子程序，并对加载的子程序代码进行重定位处理以使其匹配实际被加载的地址。我们惊奇地发现链接器的两个基本功能——重定位和库查询——可能在汇编器出现之前就已经出现了，因为在 Mauchly 的文章中，他假设主程序和子程序都是由机器语言编写的。可重定位的加载器允许子程序的开发者和使用者在编写代码时都认为程序是从地址 0 开始的，而实际的地址绑定工作会被推后到链接的过程中，在这些子程序被链接到某个特定的主程序中时才会为它们分配地址。

随着操作系统的出现，可重定位的加载器从链接器和库中分离，成为两个独立的部分。在有操作系统之前，这个机器上所有的内存空间都交给应用程序来管理，即计算机中所有的地址对于应用程序开发者而言都是可用的，因此程序员常以固定的内存地址来汇编和链接。但是有了操作系统以后，程序就必须和操作系统甚至其他程序共享计算机的内存。这意味着在操作系统将程序加载到内存之前是无法确定程序运行的确切地址的，这使得地址绑定最终从链接时被推后到了加载时。现在的链接器和加载器已经将这个工作划分开了，链接器完成前一半地址绑定的工作，在程序的内部为符号分配相对地址；加载器完成重定位的后一半工作，将符号赋值为实际的运行地址。

随着计算机系统变得越来越复杂，链接器承担的名称管理和地址绑定的工作也变得越来越复杂。Fortran 程序中会用到多个子程序和公共块（被多个子程序共享的数据区域）。链接器负责为这些子程序和公共块进行存储布局分配和地址绑定。在后来的技术发展中，链接器还需要处理目标代码库，包括用 Fortran 或其他语言编写的应用程序库，以及编译器中用来处理 I/O 或其他高级操作的库（这些通常是系统中预编译好的库，与编译器程序链接在一起，由编译器隐式调用）。

程序需要的内存空间很快就超过了可用的物理内存，因此链接器又提供了覆盖（overlay）技术。覆盖技术使得程序的不同部分可以共享同一个内存区域，当程序的某一部分被其他部分调用时可以按需加载。20 世纪 60 年代，在硬盘出现后覆盖技术在主流的大型计算机系统上得到了广泛的应用，这个趋势一直持续到 70 年代中期虚拟内存技术出现。然后在 80 年代早期，这项技术又重新出现在微型计算机上，直到 90 年代个人计算机上也开始采用虚拟内存后才逐渐没落。现在覆盖技术在内存受限的嵌入式环境中仍有应用。在一些对性能有特殊要求的应用场景中，程序员或者编译器为了精确地控制内存使用也会用到这些技术。

随着硬件重定位技术和虚拟内存的出现，程序又一次可以使用整个地址空间，因此链接器和加载器变得不那么复杂了。程序在开发时可以按照固定的地址进行链接，加载时的重定位操作可以由硬件来高效完成，不再需要软件进行处理。但是具有硬件重定位功能的计算机往往会在同一时刻运行多个程序，而且经常会运行同一个程序的多个副本。当计算机运行一个程序的多个实例时，只有一部分内存中的数据是每个实例独有的，还有一部分在所有的运行实例中都是相同的（尤其是可执行代码）。如果不变的部分可以从发生改变的部分中分离出来，那么操作系统就可以为不变的部分只保留一份，从而节省相当一部分的内存空间。因此，这个阶段我们调整了编译器和汇编器，让它们以段（section）为单位创建目标代码，其中一个段用来存放只读代码，其他的段用来存放可写的数据。链接器也做了相应的调整，使得相同类型的所有段能够合并在一起，从而可以将程序的所有代码都放置在一个地方，而所有的数据放在另一个地方，然后将它们各自转变成段。这些调整并没有将地址绑定的过程向后推太多，地址仍然是在链接时被分配的，只是链接器需要在构建好段的结构后再为各段分配地址。

即使计算机上运行的是不同的程序，这些程序实际上仍会有很多的公共代码是相同的。例如，几乎每一个 C 语言的程序都会使用诸如 fopen 和 printf 这样的函数，数据库应用程序也都使用一个复杂函数库来连接数据库，具有图形用户界面（Graphics User Interface，GUI）的应用程序就更加复杂，运行在 X Window、MS Windows 或 Macintosh 这样的图形用户界面系统中的应用程序会使用相应的图形用户界面库。现在大多数系统都会向程序开发人员提供共享库，这样所有使用某个共享库的程序在运行时可以共享一份副本。这样既提升了运行时的性能，也节省了大量磁盘空间：在一些小型程序中，公共库占用的空间甚至比主程序本身还大。

有一些静态共享库的处理过程相对简单，每个库在创建时会被绑定到特定的地址，链接器在链接时将程序中引用的库函数绑定到这些特定的地址。不难想象，这样的静态库设计不够灵活方便，当静态库中的任何部分发生变化时，整个程序都需要被重链接，而且在创建静态链接库时也需要为多个库细致地分配地址空间，这也是非常烦琐的工作。因此，系统中很快出现了动态链接库技术，使用动态链接库的程序在链接时并不分配具体地址，直到程序开始运行时才会将所用库中的段和符号绑定到具体的地址上。甚至有的系统中还会再往后推：在有些成熟的动态链接技术中，共享库中的函数要到第一次被调用时才会为它绑定地址。此外，在程序运行的过程中也可以加载库并进行地址绑定。这成为一种扩展程序功能的有效手段。微软的 Windows 系统中大量地使用了运行时加载共享库这一技术（就是大家都知道的动态链接库（Dynamic Link Library，DLL）对程序进行构建和扩展。

1.3　链接与加载

链接器和加载器需要完成若干个密切关联但在概念上有很大差异的操作。

- 程序加载：将程序从辅助存储设备（自 1968 年后这个存储设备就一直是磁盘）复制到主存（内存）中准备运行。对于简单的情况而言，加载仅仅是将数据从磁盘拷入内存；而对于复杂的情况而言，还要包括分配内存空间、设置权限保护位以及通过虚拟内存将虚拟地址映射到磁盘中的内存页上。

- 重定位：编译器和汇编器在创建目标代码时，通常假设每个文件都是从地址 0 开始的，但是计算机很少会从地址 0 加载用户编写的程序。如果一个程序是由多个子程序组成的，那么每一个子程序都应该被加载到独立的地址上，且保证互不重叠。重定位工作就是为程序的各个部分分配加载地址，调整程序中的数据和代码，使之与所分配的地址相匹配的过程。在很多系统中，重定位工作会进行不止一次。对于链接器而言，一种常见的应用场景是由多个子程序来构建一个大程序，这些子程序在创建时都认为自己是从 0 地址开始的，但它们会被链接在一起并输出为一个大程序，这个大程序的起始地址为 0，各个子程序会按照重定位技术被链接在这个大程序中的某个位置上。当这个程序被加载时，系统会选择一个加载地址，而链接好的大程序会被当作一个整体加载到分配的地址上，并完成相应的重定位工作。

- 符号解析：当通过多个子程序来构建一个大程序时，子程序间的相互引用⊖是通过符号进行的；主程序可能会调用一个名为 sqrt 的函数来计算平方根，而 sqrt 函数其实是在数学库中定义的。链接器解析 sqrt 这个符号，就是要找到库中 sqrt 函数被分配的地址，并通过修改目标代码使得 call 指令引用该地址。

尽管链接和加载的过程有相当一部分工作是重叠的，但是我们还是要给它们一个明确的定义。我们把加载器定义为一个仅完成程序加载的程序，而链接器定义为一个仅完成符号解析的程序。这两个程序都可以进行重定位，而且还出现过同时支持这三种功能的链接加载器（linking loader）。

重定位和符号解析之间并没有清晰的界线。链接器其实已经解析了对符号的引用，为了更方便地处理重定位，一种方法就是为程序的每一部分分配一个符号用于表示其基地址（base address），然后链接时把符号的链接地址表示为到该基地址的相对偏移量，这样在运行时只需要修改基地址的值，程序就变成了可重定位的。

链接器和加载器共有的一个重要特性就是它们都会修改目标代码。操作目标代码的程序并不多，除了这两个程序之外，我们日常用到的还有调试程序（debugger）。这类程序设计独特且功能强大，但是非常依赖于机器设计的细节，而且一旦出错引发的 bug 有时会难以理解和想象。

1.3.1 两遍链接

我们现在来分析常见的链接器结构。类似于编译和汇编的过程，链接基本上也需要处理两遍。链接器的输入是一系列的目标文件、库，可能还有一部分命令文件，然后它将输出一个目标文件，此外还可能生成加载映射信息文件以及调试符号文件等，如图 1-1 所示。

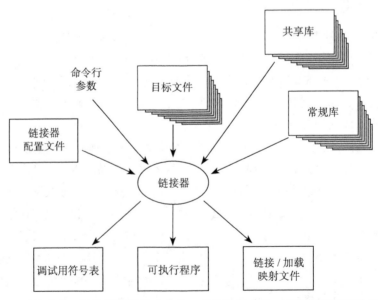

图 1-1　链接过程。链接器接受输入文件，产生输出文件，有时候还有其他的文件

⊖　如过程调用、全局变量交叉引用等。——译者注

每个输入文件都由若干个段组成，段中连续存放着代码块或数据块，段里的这些内容会被转移到输出文件中。每一个输入文件还包含一张符号表（symbol table）。有一些符号被叫作导出符号（exported symbol），它们通常是函数的名称，当前文件中给出了定义，在其他输入文件中可以调用这些函数。也有一些符号被叫作导入符号（imported symbol），通常都是一些函数名，在当前文件中调用了这些函数，但是函数的定义不在该文件中。

当链接器运行时，它会首先对输入文件进行一遍扫描，得到各个段的大小，并收集所有的符号定义和引用。然后它会创建一张段表，表中包含输入文件中定义的所有的段，以及一张符号表，表中包含所有导出符号和导入符号。

利用第一遍扫描得到的数据，链接器可以为符号分配数字地址，计算出各个段在输出地址空间中的大小和位置，并确定每一部分在输出文件中的布局。

第二遍扫描才是实际的链接过程，并且会利用第一遍扫描中收集的信息进行过程控制。在第二遍处理的过程中，会读取目标代码并完成重定位，将符号引用替换为数字地址，调整代码和数据中的内存地址，使之与重定位的段地址相匹配，并将重定位后的代码写入输出文件中。输出文件中会包含重定位处理后的段和符号表信息，通常还会再给输出文件生成头部信息。如果程序使用了动态链接，那么符号表中还要包含一些额外的信息，以便运行时链接器解析动态符号。在很多情况下，链接器会在输出文件中生成一部分代码或数据来辅助完成动态链接，例如使用覆盖技术或动态链接库技术时，为了调用覆盖区域中的函数或者库中的函数，会生成一部分粘合代码（glue code）；或者在程序中准备一个函数指针数组用于指向需要被调用的函数，在程序启动时需要对它进行初始化，使它们指向对应的函数入口地址。

不论程序是否使用了动态链接，文件中都会保存一张符号表，这张符号表可能程序本身不会使用，但是可能会用于重链接或者调试，也可以被处理输出文件（即可执行程序文件）的其他程序所使用。

可以重链接的目标代码是一种特殊的代码格式，链接器运行后输出的这种格式的文件可以用作下次链接器运行的输入。这就要求输出文件中包含一张像输入文件中那样的符号表，以及输入文件中包括的其他辅助信息。

几乎所有的目标代码格式都预备有调试符号，这样我们使用调试器来调试程序时，调试器可以使用这些符号显示出当前执行的指令在源代码中的名称和行号。根据目标代码格式的细节差异，调试符号可能存在另外一张单独的表里（这张表的内容可能会与链接器的符号表有一定的重复），也可能与链接器需要的符号混合在一张符号表中。

也有一些链接器可以在一次扫描中完成上述所有的工作，这样的链接器数量不多。为了减少扫描次数，它们通常会在链接过程中将输入文件的部分或全部缓冲在内存或磁盘中，在后面的处理中读取被缓冲的信息而不再扫描。这其实是一种实现上的技巧，并没有改变链接过程中两次扫描的本质，因此这里我们不再赘述。

1.3.2　目标代码库

链接器都支持目标代码库，只是在形式上略有差异，同时它们大多数还支持多种类型的共享库。

目标代码库的基本原理非常简单，如图 1-2 所示。库可以说就是一些目标文件的集合（实际上，在某些系统上你可以直接将一些目标文件汇集在一起打包成一个文件，然后把这个文件作为链接库来使用）。当链接器处理完所有的常规输入文件后，如果还存在未能解析的导入符号（imported name），它就会查找库文件，如果库文件中包含的某一个目标文件中正好导出了所需要的导入符号，那么就把这个目标文件链接进来。

如果要支持共享库，这个过程还会更加复杂一点。上面描述的工作中的一部分会从链接时推迟到加载时。在链接的过程中，链接器会识别出那些用于解析未定义的符号所需要的共享库，但是链接器并不把这些库链接到输出文件中，而只是在输出文件中标出这些库的名称。在程序加载的时候，会根据这些名称找到共享库并完成符号绑定，具体的细节会在第 9 章和第 10 章中介绍。

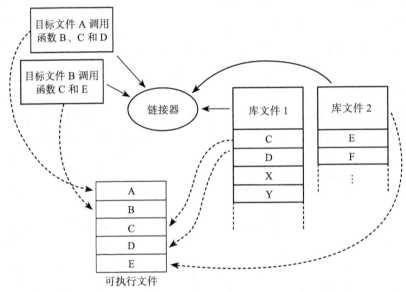

图 1-2   目标代码库。链接器读入普通的目标文件，以及很多库文件

1.3.3   重定位和代码修改

链接器和加载器的核心操作是重定位和代码修改。当编译器或汇编器生成一个目标文件时，它使用文件中定义的、未经重定位操作的代码地址和数据地址来生成代码，不在这个文件定义的数据地址或代码地址通常会被置为 0。作为链接过程的一部分，链接器会修改目标代码使之与实际分配的地址相匹配。例如，考虑如下这段 x86 代码，它的作用是将变量 a 中的内容通过寄存器 eax 移动到变量 b 中。

```
mov a, %eax
mov %eax, b
```

如果变量 a 就定义在该代码片段所在的文件中，位置是 0x1234，而 b 是从其他地方导入的，那么生成的代码将会是：

```
A1 34 12 00 00 mov a, %eax
```

```
A3 00 00 00 00 mov %eax, b
```

每条指令都包含了一个字节的操作码（即 A1 和 A3）和后面 4 个字节的地址。第一条指令中引用了地址 0x1234（由于 x86 中的字节序是从右到左的，也就是小端序，因此在代码中显示为逆序）。第二个指令中，由于 b 是导入符号，当前情况下位置是未知的，因此引用的地址为 0[⊖]。

现在假设链接器将这段代码进行链接时将 a 所在的段重定位到了 0x10000 处，b 的地址最终被置于 0x9A12。则链接器会将代码修改为：

```
A1 34 12 01 00 mov a, %eax
A3 12 9A 00 00 mov %eax, b
```

在这里可以看到，链接器将第一条指令中的地址加上了 0x10000，现在 a 的重定位地址变成了 0x11234，并且代码中也补上了 b 的地址。这个例子里展示了对指令部分的调整，实际上目标文件中数据部分如果有关联的数据，如指向 a 和 b 的指针，也需要做相应的修改。

在一些早期的计算机系统上，它们的地址空间相对较小，而且只能支持直接寻址，代码修改的过程简单，因为代码中可能只有一到两种需要做出修改的地址格式。而对于现代计算机来说，即便是 RISC 架构[⊖]，代码修改的过程也会非常复杂。由于一条指令的长度已经不足以编码整个地址空间[⊜]，指令系统中的寻址方式变得越来越复杂，因此编译器和链接器不得不使用复杂的寻址技巧来处理地址。某些情况下，可能会使用 2 至 3 条指令来组成一个地址，每个指令包含地址的一部分，然后使用位操作将它们组合为一个完整的地址。在这种情况下，链接器就不得不对每一条涉及的指令都进行修改，将符号的地址拆解为若干位，并将这些相应的位插入对应的指令中。还有一些情况，程序会为一个函数或一组函数创建一个数组作为地址池，代码中所有使用到的地址（通常是程序中的指针）都保存在这个数组中。初始化时将某个寄存器指向这个数组的起始地址，当程序中使用到某个地址时，代码会将该寄存器用作基地址，利用偏移量从地址池中找到所需的指针。链接器在处理这种情况时，需要为程序创建这个数组，并扫描所有程序中使用的指针最终被绑定的地址，用以填充这个数组，并修改各条指令使得它们可以准确地找到地址池的入口。我们将在第 7 章详细讨论这项技术。

有些系统需要位置无关的代码，也就是说希望代码无论被加载到什么位置都可以正常运行。对于这种情况，链接器需要利用一些额外的技巧，将程序中允许位置无关与无法做到位置无关的部分分离开来，然后再设法使这两部分可以互相通信，具体的细节会在第 8 章讨论。

1.4　编译驱动器

在大多数情况下，链接器的工作对程序员而言几乎是不可见的，它通常会表现为编译过程的一部分被自动执行。多数编译系统都有编译驱动器（compiler driver），用来按部就班地

⊖　指令中没有标出 eax 寄存器，操作码 A1 和 A3 已标明了目标寄存器。——译者注

⊖　reduced instruction set computer，精简指令集架构计算机，以指令格式简单而著称。——译者注

⊜　例如，在 32 位的 ARM 处理器中，一条指令长度为 4 个字节，而 32 位的地址空间本身就需要消耗 4 个字节。——译者注

驱动相应的程序模块自动执行编译各个阶段的工作。例如，假设程序员有两个 C 源程序（称其为 A 和 B），那么在 UNIX 系统上编译驱动器将会依次运行如下一系列的程序：

- 运行 C 语言预处理器，处理 A 的源代码文件，生成 A 的预处理文件。
- 运行 C 语言编译器，编译 A 的预处理文件，生成 A 的汇编文件。
- 运行汇编器，处理 A 的汇编文件，生成 A 的目标文件。
- 运行 C 语言预处理器，处理 B 的源代码文件，生成 B 的预处理文件。
- 运行 C 语言编译器，编译 B 的预处理文件，生成 B 的汇编文件。
- 运行汇编器，处理 B 的汇编文件，生成 B 的目标文件。
- 链接器将程序 A、B 对应的目标文件和系统库 C 链接在一起。

也就是说，编译驱动器首先将每个源文件编译为汇编文件，然后转换为目标文件，接着链接器会将目标文件链接在一起，并把所需要用到的系统 C 库中的函数也一并链接进来。

编译驱动器通常比我们想象的更聪明，比如，它会比较源文件和目标文件的修改时间，如果目标文件的修改时间较晚，表示源文件在上次编译后没有被修改过，因此仅编译那些被修改过的源文件（这是 UNIX 中的 make 程序的典型功能之一）。在编译 C++ 和其他面向对象语言时，编译驱动器的工作就更加复杂，会使用各种各样的技巧来克服链接器或目标代码格式的局限。例如，C++ 中引入了函数模板，定义一个函数模板相当于定义无限多个相关函数的集合，每种类型参数都会对应一个函数，显然不可能将这些函数都链接入文件中，编译驱动器需要找到程序实际使用的函数。为此，编译驱动器首先在链接时删除模板代码相关的部分，只把其他目标文件链接在一起，这时会产生"函数未定义"的链接错误，通过读取这些错误信息找到真正用到的函数，再调用 C++ 编译器根据模板为需要的函数生成目标代码，然后再次链接。我们将在第 11 章详细介绍这项技术。

链接器命令语言

每个链接器都有特定的命令和语言来控制链接过程。最起码链接器应该需要一个列表用来记录所链接的目标代码和库。链接器通常都有一大长串的配置选项：是否要保留调试符号、在哪里找到共享库或非共享库、支持哪些输出格式等。多数链接器都允许用户指定被链接代码绑定的地址，但是现在这个功能通常只在链接系统内核的时候会用到，或者链接的程序不是由操作系统控制运行的[⊖]。在支持多个代码段和数据段的链接器中，链接器命令可以用于指定各个段的链接顺序、需要特殊处理的段和某些应用程序相关的选项。

向链接器发送命令的方式通常有四种：

- 命令行：多数系统都有命令行（或其他类似的功能），通过它可以向运行的程序输入各种文件名和开关选项。UNIX 和 Windows 系统的链接器大部分都是使用命令行来传递链接的目标文件名和配置选项的。对于那些命令行长度有限制的系统，常用的解决方案用一个文件来存储这些文件名和参数，然后链接器从文件中读取这些信息。
- 与目标文件混在一起：有些链接器，（如 IBM 主机系统的链接器）会从单个输入文件

⊖ 如前所述，现代操作系统会把整个虚拟地址空间留给应用程序，链接器不再控制加载地址；但是操作系统内核、bootloader 等代码不是由操作系统加载的，这时还需要链接器的工作。——译者注

中同时读入目标文件和链接器命令，两类信息交替出现，用间隔符加以区分。这种方式来源于卡片输入的年代，那时程序员需要把目标代码的卡片收集来，再把自己的命令手动地打孔表示在命令卡上，然后一起送到读卡器中。

- 嵌入在目标文件中：有一些目标代码格式，特别是微软定义的目标代码格式，允许在其中嵌入链接器命令。这样编译器可以将链接一个目标文件时所需的所有选项保存在这个文件中。例如，C 的编译器会将搜索标准 C 库用到的命令嵌入文件中，以供链接过程使用。
- 单独的配置语言：只有少数链接器拥有完备的配置语言来控制整个链接过程。GNU 链接器就是这样一个强大的链接器，它可以处理多种目标文件类型、支持多种处理器体系结构和地址空间规约。它也支持一套复杂的配置语言，允许程序员指定段的链接顺序、相似段的合并规则、段的地址和其他一系列选项。也有其他的链接器能支持配置语言，但一般都没有这么复杂，只是用来定义一些特定的功能，例如用来让程序员定义可覆盖的段等。

1.5　链接：一个真实的例子

在介绍链接过程的最后，我们用一个简单的例子来演示这个过程。图 1-3 中展示了两个 C 语言源代码文件，m.c 中的主程序调用了一个名为 a 的函数，函数 a 在文件 a.c 中实现，而且 a 调用了库函数 strlen 和 write。

```
源代码文件 m.c

extern void a(char *);
int main(int ac, char **av)
{
  static char string[] = "Hello, world!\n";
  a(string);
}

源代码文件 a.c

#include <unistd.h>
#include <string.h>
void a(char *s)
{
  write(1, s, strlen(s));
}
```

图 1-3　源代码文件

在作者使用的奔腾计算机上，使用 GCC 编译器来编译程序 m.c，可以得到一个典型的 a.out 格式的目标文件，长度为 165 字节，如图 1-4 所示。这个文件中包含一个固定长度的头部⊖，里面描述了两个段，一个 16 字节的代码段，用于保存只读的程序代码，后面一个 16 字节的数据段，用于保存程序中用到的字符串。其后是两个重定位项：第一个在第 3 行

⊖　文件头中描述的是两个段的索引信息，表述的是程序中两个段的长度和相关的地址，在 Sections 中展示出的两项。——译者注

的 pushl 指令处（即 pushl $0x10 指令处），这句将字符串的地址放置在栈顶上，用作调用函数 a 的参数；第二个在 call 指令调用函数 a 的地方。符号表中定义了导出符号 _main、导入符号 _a 以及调试器需要的其他一系列符号（每一个全局符号都会以下划线作为前缀，我们会在第 5 章中解释原因）。注意由于和字符串 string 也在 m.c 这个文件中，因此，pushl 指令引用了 string 的临时地址 0x10，而由于 _a 的地址是未知的，所以 call 指令引用的地址为 0x0。

```
Sections:

Idx Name Size VMA LMA File off Algn
0 .text 00000010 00000000 00000000 00000020 2**3
1 .data 00000010 00000010 00000010 00000030 2**3

Disassembly of section.text: 00000000 <_main>:

0: 55              pushl %ebp
1: 89 e5           movl %esp, %ebp
3: 68 10 00 00 00  pushl $0x10
      4: 32             .data
8: e8 f3 ff ff ff  call 0
      9: DISP32        _a
d: c9              leave
e: c3              ret
...
```

图 1-4　m.c 的目标代码

文件 a.c 编译成一个长度为 160 字节的目标文件。如图 1-5 所示，这个文件中包括头部和一个 28 字节的代码段，没有数据段。程序中出现了两个重定位项，分别用在 call 指令对 strlen 和 write 的调用，符号表定义了导出符号 _a，以及导入符号 _strlen 和 _write。

```
Sections:
Idx Name        Size      VMA      LMA      File off Algn
 0 .text     0000001c 00000000 00000000 00000020 2**2
              CONTENTS, ALLOC, LOAD, RELOC, CODE
 1 .data     00000000 0000001c 0000001c 0000003c 2**2
              CONTENTS, ALLOC, LOAD, DATA
Disassembly of section .text: 00000000 <_a>:
 0:      55                   pushl  %ebp
 1:      89 e5                movl   %esp, %ebp
 3:      53                   pushl  %ebx
 4:      8b 5d 08             movl   0x8(%ebp), %ebx
 7:      53                   pushl  %ebx
 8:      e8 f3 ff ff ff       call   0
          9: DISP32           _strlen
 d:      50                   pushl  %eax
 e:      53                   pushl  %ebx
 f:      6a 01                pushl  $0x1
 11:     e8 ea ff ff ff       call   0
          12: DISP32          _write
 16:     8d 65 fc             leal   -4(%ebp), %esp
 19:     5b                   popl   %ebx
 1a:     c9                   leave
 1b:     c3                   ret
```

图 1-5　a.c 的目标代码

为了生成一个可执行程序，链接器会将这两个目标文件链接在一起，并附加上一个 C 程序的标准启动初始化流程，以及必要的 C 库函数，整合成为一个可执行文件。图 1-6 给出了这个文件的一部分内容。

```
Sections:
 Idx Name      Size       VMA        LMA        Fileoff  Algn
  0.text    00000fe0   000001020   00001020   00000020  2**3
  1.data    00001000   000002000   00002000   00001000  2**3
  2.bss     00000000   000003000   00003000   00000000  2**3
.text: 段的反编译结果 00001020 <start-c>:
      ...
      1092:   e8 0d 00 00 00        call    10a4 <_main>
      ...
000010a4 <_main>:
      10a4: 55                      pushl   %ebp
      10a5: 89 e5                   movl    %esp,%ebp
      10a7: 68 24 20 00 00          pushl   $0x2024
      10ac: e8 03 00 00 00          call    10b4 <_a>
      10b1: c9                      leave
      10b2: c3                      ret
000010b4 <_a>:
      10b4: 55                      pushl   %ebp
      10b5: 89 e5                   movl    %esp,%ebp
      10b7: 53                      pushl   %ebx
      10b8: 8b 5d 08                movl    0x8(%ebp),%ebx
      10bb: 53                      pushl   %ebx
      10bc: e8 37 00 00 00          call    10f8 <_strlen>
      10c1: 50                      pushl   %eax
      10c2: 53                      pushl   %ebx
      10c3: 6a 01                   pushl   $0x1
      10c5: e8 a2 00 00 00          call1   16c <_write>
      10ca: 8d 65 fc                leal    -4(%ebp),%esp
      10cd: 5b                      popl    %ebx
      10ce: c9                      leave
      10cf: c3                      ret
      ...
000010f8 <_strlen>:
      ...
0000116c <_write>:
      ...
```

图 1-6　可执行程序的部分代码

链接器将每个输入文件中相应的段合并在一起，所以可以看到在生成的可执行程序里只有一个代码段、一个数据段和一个 BSS 段（这个段用来存储被初始化为 0 的数据，这两个输入文件里没有用到它）。由于每个段的长度都会被扩充为 4KB 的整数倍，以满足 x86 的页对齐，所以可以看到这个文件的代码段为长度 4K（减掉了 20 字节长度，用作 a.out 文件头，逻辑上文件头并不属于代码段，但它占了代码段的空间），数据段和 BSS 段同样也都是 4K 字节。

合并后的代码段中还包含了一段启动代码，名为 start-c，这段代码来自 C 库中。因为引入了这段代码，m.o 的代码被重定位到 0x10a4，a.o 被重定位到 0x10b4，从 C 库中链接进来的函数被重定位到代码段更高的地址。链接器也按照相同的顺序和方法合并了数据段，但是这里并没有展示。由于 _main 的代码被重定位到地址 0x10a4，所以这个代码要被修改到 start-c 代码的 call 指令中。在 main 函数内部，对字符串的引用被重定位到 0x2024，这是字符串在数据段中最终的位置；call 指令中引用的地址修改为 0x10b4，这是 _a 最终绑定的地址。在 _a 内部，对 _strlen 和 _write 的 call 指令也要修改为这两个函数最终绑定的地址。

可执行程序中还有十几个来自 C 库的函数，图中也没有展示，它们会被启动代码或者 _write 函数直接或间接调用（例如，_write 函数的错误处理函数）。由于可执行程序的文件格式并不支持重链接，它的数据也不支持重定位，操作系统总是会从一个固定位置加载它。可执行程序中带有一张符号表，但是程序执行过程中并不会用到它，保存符号表只是为了调试器（debugger）工作方便，可以将其删除以节省空间。

在这个例子中，从库中链接的代码要明显多于程序本身的代码。这是很正常的，当程序使用大的图形图像库或窗口界面库的时候会更加明显，为了共享这些来自库的代码，就出现了共享库，详细的技术会在第 9 章和第 10 章介绍。这个链接好的程序大小为 8K 字节，但若使用共享库链接则同样的程序大小仅为 264 字节。当然这是一个像玩具一样的示例，但真实程序采用动态库来节省空间也一样会有惊人的效果。

1.6 练习

1. 将链接器和加载器分成独立的程序有什么好处？在哪些情况下更适合将这二者整合成一个链接加载器？

2. 在过去的 50 年中，几乎每个编程系统都带有一个链接器，为什么？

3. 这一章中，我们讨论了如何链接和加载汇编代码或者是编译后的机器代码。对于一个直接解释执行源代码的纯解释型系统，链接器和加载器是否依然有用？如果一个解释型系统是将源程序先变成一种像 P-code 或 Java 虚拟机那样的中间代码，再解释执行呢？

体系结构相关问题

链接器和加载器，以及编译器和汇编器，都需要考虑很多与体系结构密切配合的细节，既包括硬件体系结构的细节，也包括目标代码运行环境的操作系统在体系结构方面的约定。本章中我们将会涉及很多计算机体系结构的知识，以帮助读者理解链接器必须完成的工作。本章所有对计算机体系结构的描述并没有覆盖所有的细节，经过精挑细选，仅保留了链接器相关的内容，忽略了那些不影响链接器工作的部分，如浮点指令和 I/O。

硬件体系结构有两个方面的细节影响到了链接器：寻址方式和指令格式。链接器有一个很重要的任务就是修改内存数据和指令中的地址及偏移量。无论修改的是数据还是指令，链接器都必须确保所做的修改符合计算机使用的寻址方式；当修改指令时还需要进一步确保修改的结果不是一条无效指令。

在本章结尾，我们还会讨论地址空间架构，即程序运行时需要处理的地址分布在一个怎样的空间中。

2.1 应用程序二进制接口

每一个操作系统都会为运行在该系统上的应用程序提供一套应用程序二进制接口（Application Binary Interface，ABI）。ABI 中描述了应用程序在这个系统上运行时必须遵守的编程约定。通常来说，ABI 中会包含一系列的系统调用和使用这些系统调用的方法，可供程序使用的内存地址空间，以及处理器中寄存器的使用规定等。从应用程序的角度来看，ABI 既描述了操作系统的约束又描述了硬件体系结构的约束，只要违反二者之一，程序就会出现严重的错误。

在很多情况下，链接器为了遵守 ABI 的约定需要进行一些重要的工作。例如，有的系统 ABI 要求每个应用程序必须包含一个地址描述表，用于存储该程序中各函数使用到的所有静态数据的地址，那么链接器就必须创建这个表，它会扫描收集所有链接到程序中的模块，以收集这些地址信息。ABI 对链接器最大的影响是关于过程调用的标准格式定义，我们在本章的后半部分还会讨论这个话题。

2.2 内存地址

每个计算机系统都有主存储器。主存是一块连续的存储空间，我们为每一个存储单元分配一个数字当作它的地址。地址从 0 开始，地址的最大值由地址线的位数决定。

字节序和对齐

每个存储单元都是由固定数量的二进制数位（bit）组成的。在过去 50 年的发展中出现过多种多样的计算机内存系统，从 1 位为一个单元到由 64 位为一个单元都有，但现在几乎所有产品化的计算机都把 8 位当作 1 个字节，把字节当作最小的编址单元。由于计算机处理的大多数数据都是大于 8 位的（尤其是程序地址），所以我们通过将相邻的字节合为一组，组成更大的数据单元，用于处理 16 位、32 位、64 位或 128 位的数据。在某些计算机上，尤其是 IBM 和 Motorola，多字节数据的第一个字节（就是地址最小的那个字节）存放的是高位字节（most significant byte），即数据中最高的 8 位（bit）；而在 DEC 和 Intel 的机器上，第一个字节存放的是低位字节（least significant byte），即数据中最低的 8 位（bit），如图 2-1 所示。沿用《格列佛游记》中的典故，我们将 IBM/Motorola 的字节序策略称为大端序（big-endian），而将 DEC/Intel 的字节序策略称为小端序（little-endian）。

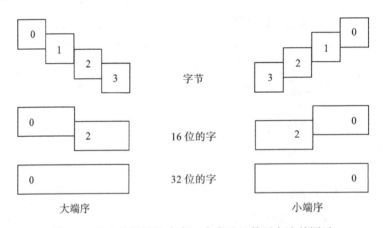

图 2-1 按字节寻址的内存。内存地址使用方法的图示

由两种方案的优缺点引起了激烈的讨论，并且持续了很多年。实际上，一个新产品的字节序选择，主要考虑的是对旧系统的兼容，因为在两台字节序相同的机器间移植程序和迁移数据，显然要比不同字节序的机器容易得多。很多新芯片设计可以同时支持两种字节序，可以在芯片布线时通过接线进行选择，有的可以在系统引导时通过编程选择，甚至某些情况下可以针对每个应用程序进行选择。（在这些字节序可切换的芯片上，处理器使用 load 和 store 指令处理数据的字节序会随着配置发生变化，但是被编码到指令中的常量，它的字节序在编译之后就不会改变了，这个细节给链接器的开发人员带来了新的挑战。）

为了方便访问，多字节数据需要对齐到特定的边界上，比如 4 字节的数据需要对齐到 4 字节的边界上（也就是 4 字节的数据，它的地址应该是 4 的整数倍），2 字节也要对齐到 2 字节的边界上（也就是说 2 字节数据的地址，应该是 2 的整数倍），以此类推。另一种描述这个问题的说法是，任何 N 字节数据的地址至少要有 $\log_2 N$ 个低位为 0。在某些系统上（Intel x86、DEC VAX、IBM 370/390），访问未对齐数据会导致性能下降，在另外一些系统上（大多数 RISC 芯片），访问未对齐的数据会导致程序故障。对于那些访问未对齐的数据不会导致故障的系统，性能的损失是非常巨大的，因此我们需要在编译和链接的阶段多花费一些精力来尽可能保持地址的对齐。

很多处理器还要求程序指令放在对齐的地址上，例如多数 RISC 芯片要求指令也必须存放地址在 4 字节对齐的地址上。

每种体系结构都定义了一系列寄存器，寄存器是一些固定长度的高速存储单元，在编程过程中程序指令可以使用寄存器的名称来直接访问它们。各种体系结构的寄存器数量是不一样的，例如，x86 架构有 8 个寄存器，而某些 RISC 架构设计处理器有 32 个。寄存器的位数基本上会和程序地址的位数相同，就是说在一个 32 位地址的系统中寄存器通常是 32 位的，而在 64 位地址的系统上，寄存器就是 64 位的。

2.3　地址构成规则

计算机执行程序的过程，就是根据程序中的指令来读写内存中的数据的过程。而程序的指令本身也存储在内存中，但程序的指令和数据会保存在内存的不同区域。逻辑上来说，指令一般是按照它们的存储顺序依次执行，但也有例外，专门有一些指令用来将下一条指令指向一个新的地址，这类指令被称为跳转指令（有些体系结构会用名词分支（branch）来指代跳转指令，但是我们在本书中把它们都称为跳转）。在程序中会大量地用到地址，每个计算指令中都可能用到地址，用来标识要加载的数据或要写入的数据在内存中的位置；每个跳转指令也会用到地址，用来标识要跳转到的下一条指令在内存中的位置等。不同的计算机具有不一样的指令格式，它们的地址构成规则也不一样，链接器在重定位的过程中需要严格遵守这些规则予以处理。

经过这么多年的研究，计算机的设计者们提出了各种不同的寻址策略，复杂度越来越高，但现在大多数产品化的计算机都使用了一套非常简单的寻址策略（设计者最终发现很难把复杂的体系结构实现出来，要想实现一个高速的芯片就更加困难，而且编译器也很少能够充分利用复杂寻址特性）。在后文中，我们主要使用以下三种架构为例进行分析：

- IBM 360/370/390（本书后面统称为 370）。这是最古老的处理器架构之一，但目前仍在使用。虽然在过去的 35 年中不断增加新特性，但它的设计仍然简洁明了，并且实现出来的芯片仍然能与现代的 RISC 芯片性能相当。
- SPARC V8 和 V9。这是一个流行的 RISC 架构，它的寻址策略相当简单。V8 使用 32 位的寄存器和地址，V9 将它们扩充为 64 位。SPARC 的设计与其他 RISC 架构的设计很相似，比如 MIPS 和 Alpha。
- Intel 386/486/Pentium（本书后面统称为 x86）。这可以说是最没有规律和难以理解的架构之一，但它仍在使用，而且不可否认它是最流行的。

2.4　指令格式

每个体系结构都会有几种不同的指令格式。本书中我们只关注与程序寻址和数据寻址相关的格式细节，因为这些是影响链接器的主要因素。370 访问数据和指定跳转目标的时候使用的是相同的指令格式，SPARC 使用的格式是不同的，而 Intel 最为特殊，有些地方格式是相同的，有些地方是不同的。

每条指令都包含一个操作码，它决定了指令做什么，此外还会有一个操作数。操作数可以被编码到指令当中（这种操作数称为立即数（immediate operand）），或者放置在内存中。放在内存中的操作数，在指令中存放的是它的地址，通常地址总要经过一些计算才能得到。有时会把地址直接放在指令中（称为直接寻址模式），更常见的方式是将地址存储在某一个寄存器中（称为寄存器间接寻址模式），或者将指令中的一个常量加上寄存器中的内容计算得来。如果寄存器中的值是一片存储区域的地址，而指令中的常量是存储区域中想要访问的内存单元的偏移量，这种策略称为基址寻址（based addressing）。如果二者的角色调换过来，寄存器中保存的是偏移量，那这种策略就叫作索引寻址（indexed addressing）。其实基址寻址与索引寻址之间的界线并不清晰，而且很多体系结构都将它们混在一起。例如，370 中有一种寻址模式会将两个寄存器的值和指令中的常量加在一起当作地址，虽然这两个寄存器一个被称作基址寄存器，另一个被称作索引寄存器，但其实它们都是被同等对待的。

实际使用中还有其他更为复杂的地址计算方法，但在大多数情况下都不关注这些使用方法，因为它们的地址域通常不需要由链接器来调整。

一些体系结构使用的是固定长度的指令，而也有一些使用变长指令。所有的 SPARC 指令都是 4 字节长，并对齐到 4 字节边界。IBM 370 的指令可以是 2 字节、4 字节或 6 字节长，指令的第一个字节的前 2 位确定了指令的长度和格式。Intel x86 的指令从 1 字节到 14 字节的都有，而且可以存放在任何地址位置。x86 的编码方式非常复杂，一部分原因是 x86 最初是为内存受限环境设计的，需要使用紧凑的指令编码以压缩内存空间，也有一部分原因是在 286、386 和后继芯片上的新增指令不得不被硬塞到已存在的指令集中，只能通过使用原来指令集中未定义的位模式来扩展指令又保持兼容。幸运的是，从链接器的角度来看，链接器需要调整的指令中的地址域和偏移量域，都是以字节为单位对齐的，所以通常不需要单独考虑指令本身的编码问题。

2.5　过程调用和可寻址性

在最早的计算机中，内存通常很小，指令中的地址域足够容纳整个地址空间，可以寻址到内存中任何一个位置，也就是现在我们定义的直接寻址策略。在 20 世纪 60 年代早期，可寻址内存已经变得相当大，这使得如果每条指令都包含能寻址整个空间的地址位，每一条指令都会变得太长，程序将占用太多宝贵的内存空间。为了解决这个问题，计算机的架构师们在地址引用指令中放弃了直接寻址，使用索引和基址寄存器来提供寻址所需的地址位。这可以让指令短一些，但随之而来的代价是编程更复杂了。

在没有采用直接寻址的体系结构中，例如 IBM 370 和 SPARC，程序在进行数据寻址时存在一个自举（bootstrapping）[⊖]的问题：指令总是要使用寄存器中的基地址来计算数据的地址，但是基地址的值也是从内存中加载的，为了把基地址的值从内存加载到寄存器，我们又需要另外一个基地址才能完成这次加载。

自举问题就是如何在程序开始时将第一个基地址载入到寄存器中，随后再确保每一个函数都准确地加载了它所需的基地址，用以寻址它要使用的数据。

⊖　类似于我们常说的"先有鸡还是先有蛋"的问题。——译者注

过程调用

　　每种 ABI 都会定义一个过程调用过程的标准，涉及硬件定义的调用指令（call）以及内存、寄存器的使用约定。硬件的调用指令保存了返回地址（调用的函数执行完成后，接下来执行的指令地址）并跳转到目标函数中。在 x86 这样具有硬件栈的体系结构中，返回地址会被压入栈中，而在其他体系结构中它会被保存在一个寄存器里，如果有必要（例如发生嵌套或递归），软件要负责将寄存器中的值保存到内存中。具有栈的体系结构通常都会有一个硬件的返回指令将返回地址从栈中弹出并跳转到该地址，而其他体系结构则使用跳转到寄存器中地址的指令来返回。

　　在一个函数的内部，数据寻址可分为 4 类：

- 调用者可以向函数传递参数（argument）。
- 局部变量（local variable），在函数中分配，并在函数返回前释放。
- 局部静态数据（local static data），保存在内存的固定位置中，并为该函数私有。
- 全局静态数据（global static data），保存在内存的固定位置中，并可被很多不同函数访问。

　　对于每个过程调用，系统都会为它分配一块栈中的内存，称为栈框（stack frame）。图 2-2 中展示了一个典型的栈框。

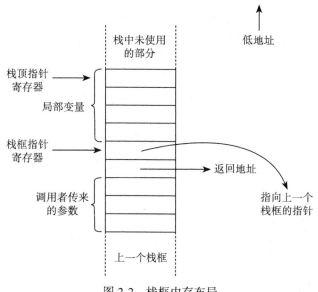

图 2-2　栈框内存布局

　　参数和局部变量通常保存在栈中。对于这些数据，可以把指向栈顶的一个栈指针用作基址寄存器，然后通过偏移量来访问。SPARC 和 x86 中使用了这一策略，又做了一些轻微的调整：在函数开始执行时的，会将一个专门的栈框指针或者基址指针寄存器指向栈顶指针，借助这些专门的寄存器进行内存访问。这样做的好处是使用了专门的指针保存函数开始时的栈顶，就可以在栈中压入任意大小的对象，按照需要对栈指针寄存器中的值做相应的修改，而当需要访问函数的参数和局部变量时，仍然可以借助这些专用的寄存器和固定的偏移量找到，在整个函数执行的过程中都不受到影响。假定栈是从高地址向低地址生长的，并且假设栈框指针指向返回地址在内存中的位置，那么参数就存在栈框指针向上偏移不远处，局部变量在向下偏移的不远处。操作系统通常会在程序启动前为系统初始化栈顶指针，在后续的入栈或出栈操作时，这个寄存器会更新，使用了专门的栈框寄存器之后，不必担心这些操作导致程序员找不到参数和局部变量。

对于静态数据，编译器会为一个函数引用的所有静态变量创建一个指针表，每一项都存储着一个静态对象的地址，包括局部的和全局的。使用一个寄存器来保存这个表的地址，那么在函数中就可以用这个寄存器作基地址，从这个表中把要访问的静态变量的地址读出来，加载到另一个寄存器中，然后就可以用后面这个寄存器作为基址寄存器来寻址需要的目标静态对象了。这一系列操作的关键就是将指针表的地址存入到第一个寄存器中⊖。在 SPARC 中，函数可以通过一系列指令来加载表地址（这些指令的操作数通常是立即数），同时在 SPARC 或者 370 上函数可以通过一系列子函数调用来将程序计数器（保存当前指令地址的寄存器）加载到一个基址寄存器中（我们后面还会讨论这种方法，它在处理库代码时会遇到问题）。更好的解决方法是将获取表指针的工作交给函数的调用者，因为调用者已经加载了自己的表指针，并可以从自己的表中获取被调用函数的表指针。

图 2-3 所示为一个典型的函数调用的过程。Rf 是栈框指针，Rt 是表指针，Rx 是一个临时寄存器。调用者将自己的表指针保存到自己的栈框中，然后将被调用函数的入口地址和它的指针表地址载入到寄存器中，再进行调用。被调用的函数可以通过 Rt 中的表指针找到它需要的所有数据，包括它在后面可能会调用的函数的入口地址和表指针。

```
... 将参数压入栈中 ...
store Rt->xxx(Rf)   ; 将调用者的表指针保存在调用者的栈框中
load Rx<-MMM(Rt)    ; 将被调用函数的入口地址存在临时寄存器中
load Rt<-NNN(Rt)    ; 将被调用者的表指针加载入 Rt 中
call (Rx)           ; 调用入口在 Rx 处的函数
load Rt<-xxx(Rf)    ; 恢复调用者的表指针
```

图 2-3   理想的函数调用过程

这一过程中通常有几种优化的技巧。在很多情况下，一个模块中的所有函数会共享一个指针表，这时模块内的函数调用就不需要改变表指针了。例如，SPARC 的约定是一个模块共享同一个指针表，指针表必须由链接器创建，这样模块内的函数调用中，表指针都可以保持不变。同一模块内的调用，可以简化为一个 call 指令和一个偏移量来实现，其中这个偏移量指的是被调用函数的地址到当前 call 指令的地址差值，这个偏移量可以直接编码在指令中，这就不再需要将被调用函数的地址加载到寄存器中了。上面这些优化技术可以使得同一模块中对某个函数的调用过程简化为一个单独的 call 指令。

这里我们又遇到了自举问题，这个表指针的链最初是怎么开始的呢？如果每一个函数都是从前一个函数的调用中获取它的表指针，那么最初的函数从哪里获得的呢？答案并不固

⊖   这个过程的麻烦之处在于，这个静态变量表是函数的私有数据，但在函数中并没有特定的位置来存储这个表的地址，因此通常会有一个特定的存储区域，一般是用函数的入口地址做哈希计算得来的，而在函数被调用时，需要用特殊手段获得这个区域的地址以及自己的入口地址，才能找到这张表。——译者注

定，但是总会涉及一些专门处理这个问题的特殊代码。一些方案中，主函数的表存储在一个固定的位置；另一些方案中，初始的表指针的值被标记在可执行文件中，这样操作系统可以在程序开始前将它加载到指定的地址上。无论使用的是什么技术，都是需要借助链接器实现的。

2.6 数据访问和指令引用

下面来分析程序如何寻址来读取数据，我们会针对前面提到的 3 种体系结构进行具体分析。

2.6.1 IBM 370

System/360 是一种 60 年代的老式计算机，它使用一种非常简洁的数据寻址策略。在它的基础上开发出的 370 和 390，就逐渐变得复杂了。每个需要访问内存的指令，在指令中会包含一个 12 位的无符号数，用于表示偏移量，偏移量与基址寄存器（也可能是索引寄存器）相加就可以得到需要访问的地址。处理器中共有 16 个 32 位的通用寄存器，将它们从 0 到 15 进行编号，它们几乎都可以用作索引寄存器，只有寄存器 R_0 比较特殊。如果寄存器 R_0 出现在地址的计算中时，计算时将直接使用数值 0，而非寄存器本身的内容（寄存器 R_0 是存在的，而且可以用于算术计算，只是不能用于寻址）。就那些用寄存器存储目标地址的跳转指令而言，寄存器 R_0 意味着不跳转。

图 2-4 中展示了主要的指令格式。RX 指令格式中包含了一个寄存器操作数和一个内存操作数，内存操作数的地址是将指令中的偏移量⊖与基址寄存器和索引寄存器相加得来的。多数情况下索引寄存器的数值为 0，这时地址就是基址加偏移量。在 RS、SI 和 SS 指令格式中，计算的过程就是基址寄存器和 12 位的偏移量相加，不再计算索引寄存器。RS 指令格式中有一个内存操作数，此外还有一到两个操作数在寄存器中⊜。SI 指令格式的一个操作数是内存操作数⊜，另一个操作数是一个 8 位的立即数⊕。SS 指令格式有两个内存操作数，是一个存储到存储的操作。RR 指令格式有两个寄存器操作数，没有内存操作数，虽然一些 RR 指令格式会将这些寄存器解释为指向内存的指针。370 和 390 在这些指令格式上稍加了一点变化，但数据寻址格式没有变化。

将基址寄存器设置为 0，指令就可以直接寻址内存中最低的 4096 个存储单元。这对于底层系统软件而言是一个非常重要的能力，但是在应用软件不会用到这个功能，应用软件都使用基址寄存器进行寻址。

需要注意的是，在这些指令格式中，偏移量是 12 位的，无法存储在一个字节中，因此指令中使用了一个 16 位的存储空间，并且放在一个双字节对齐的地址上，偏移量存在低 12 位中。这样的设计使得地址放在一个独立的存储地址上，在链接器修改目标文件中某个指令的地址偏移量时，无须考虑指令格式对地址编码的影响，因为偏移量的格式都是相同的。

⊖ 偏移量是图中的 D_2，因为偏移量有 12 位，所以由两个字节组合而成。——译者注
⊜ 图中所示的 R_1 和 R_3。——译者注
⊜ 图中的 D_1。——译者注
⊕ 即 I_2。——译者注

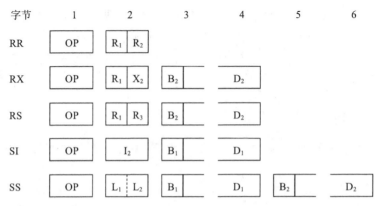

图 2-4 IBM 370 指令格式。IBM 指令集中 RX、RS、SI、SS 四种指令格式的图示

最初的 360 系统采用的是 24 位寻址，虽然保存在寄存器和内存中的地址是 32 位的，但只有低 24 位是有效的，高 8 位会被忽略。370 将地址扩展到 31 位。不幸的是，当时设计的很多程序（包括最流行的操作系统 OS/360 在内）都使用了内存中的 32 位地址数据的高 8 位来存放标志或其他数据。这就导致无法在支持现存目标代码的同时，直接将硬件的寻址能力扩展到 32 位。作为一种补救方案，系统同时支持了 24 位和 31 位两种模式，并且在任何时刻 CPU 都可以解释 24 位或 31 位的地址。为了区分这两种地址，开发人员制定了一个由软硬件结合的规定，如果一个 32 位地址的高位为 1，则该地址字其他各位保存的是 31 位地址；如果高位是 0，则该地址是一个 24 位地址。鉴于这种设计，为 370 设计的链接器必须能够同时处理 24 位和 31 位地址，如果链接的代码是以前的 24 位旧代码，就必须启用 24 位模式。同时，这些链接器还需要支持 16 位模式。由于历史原因，早期 360 产品线的低端型号的内存经常只有 64KB 或更小，因此程序经常使用半字节的变量来存储地址，然后用半字节的操作指令来读写这些变量。

370 和 390 的后期型号增加了与 x86 系列相似的分段地址空间管理机制。该特性可以让操作系统建立多个地址空间，每一个都是 31 位的，并且可以为这些地址空间定义非常复杂的访问控制规则。程序可以按照规则访问这些地址空间，并在这些地址空间之间切换。就作者目前所知，还没有编译器或链接器可以支持这些特性，该特性主要用在高性能数据库系统上，所以我们不再对其做深入讨论。

370 的指令寻址也是相当简洁的。在最初的 360 中，跳转指令都是 RR 或 RX 格式的。在使用 RR 格式的跳转指令中，第二个寄存器操作数中存储跳转目标地址，这时如果使用寄存器 R_0 做操作数就意味着不进行跳转。在使用 RX 格式的跳转中，内存操作数中存储的是跳转的目标。过程调用指令也有两种，RR 格式和 RX 格式，RR 格式中目标函数的入口地址放在第二个寄存器操作数中，而 RX 格式，目标函数地址保存在第二个操作数指向的地址中。过程调用指令在 370 上被实现成一个跳转并链接（branch and link）的指令（在 31 位寻址的系统中变成了跳转并存储（branch and store））⊖，它将返回地址存储在第一个操作数指

⊖ 这里的两条指令功能类似，只是为了保持兼容，所以添加的后面的一条。需要注意的是，跳转和存储工作不能分成两条来做，必须要在一条指令里一次性完成，以避免出现多进程 / 线程环境下的竞争问题。——译者注

的寄存器中，并按照指令格式跳转到指定的函数的入口地址处。

对于一个函数内部的跳转，要保证跳转的目标地址是可寻址的，也就是说，需要一个基址寄存器指向函数开始位置（或者在这个位置附近），然后才能在计算出偏移量后，使用 RX 格式的指令进行跳转。按照约定，寄存器 R_{15} 中保存着函数的入口地址，可以用作基址寄存器。如果无法获得函数入口地址，也可以借用过程调用指令。RR 格式的过程调用指令，无论是跳转并链接还是跳转并存储，将第二个寄存器的值设置 0[一]会将下一条指令的地址[二]保存在第一个操作数寄存器中，但不执行跳转操作。在无法正常使用 R_{15} 中保存的函数入口时，也可以通过这个操作来获取一个临时的基地址。鉴于 RX 指令可以使用 12 位的偏移量，因此一个基址寄存器可以让程序在 4KB 的内存区域内进行跳转。如果一个函数的大小超过这个区间，那就需要多个基址寄存器来覆盖该函数中所有的代码。

390 为这些跳转指令引入了新的格式，增加了对相对地址的支持。在这些新格式的指令中，引入了一个有符号的 16 位数用于存储相对偏移量，将其左移一位后（因为指令都是双字节对齐的，所以在存入偏移量时将其右移了一位），加上当前指令的地址就可以得到跳转目标的地址。这种新的格式不需要寄存器来计算地址，并且可以支持 ±64KB 内的跳转，除了那些超大的函数外，这已经足够解决函数内部的跳转了。

2.6.2　SPARC

SPARC 几乎可以说是精简指令集处理器的代名词。这个架构已经发展了 9 个版本了，从最初的简单设计演化到现在已经变得有些复杂了。SPARC 直到 V8 版本都是 32 位架构的，SPARC V9 扩展为 64 位架构。

SPARC V8

SPARC 有 4 种主要的指令格式和 31 种次要的指令格式。图 2-5 中展示了 4 种跳转格式和 2 种数据寻址模式。

在 SPARC V8 中有 31 个通用寄存器，每个 32 位，按照 1 到 31 编号。寄存器 R_0 是一个虚拟寄存器，它的值总为 0。

为了节省过程调用和返回过程中的寄存器用量，SPARC 采用了一种寄存器窗口（register window）机制。寄存器窗口策略并不常用，对于链接器也几乎没有影响，所以本书不再对其进行讨论（寄存器窗口机制源自 Berkely RISC 的设计，并在 SPARC 中得到继承）。

SPARC 的数据引用有两种寻址模式。一种模式中，两个寄存器的数值相加用作内存的目标地址（也可以是一个寄存器中保存目标地址，另一个寄存器是 R_0）。另一种模式中，指令中会有一个 13 位的有符号数用于表示偏移量，偏移量与基址寄存器相加得到目标地址。

SPARC 中使用了一种由连续的两条指令实现的地址生成方式。第一条指令 SETHI，它可以将一个 22 位的立即数装入一个寄存器的高 22 位并使其低 10 位为 0，第二条指令是一个 OR 指令，将一个 13 位的立即数通过"或运算"写入到寄存器的低 13 位中[三]。借助这两条

[一]　通常这个操作就是使用寄存器 R_0。——译者注
[二]　也就是过程调用的返回地址。——译者注
[三]　注意这里不是笔误，因为两个指令有重叠的区域，所以需要链接器做一些额外的工作。——译者注

指令的连续操作，SPARC 的汇编器和链接器可以实现一种虚拟的直接寻址模式，在生成的代码里面，访问内存之前的地址使用这样的两句连续的指令来获得，汇编器和链接器的工作就是将跳转目标的 32 位地址的高部分和低部分装入到这两个指令中。

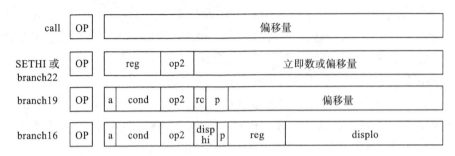

注意：在这条指令中位移的值由 disphi||displo 拼接得到

图 2-5　SPARC。调用指令 call 有 30 位地址，SETHI 指令有 22 位地址，跳转指令 branch 有 22 位、19 位、16 位（仅用于 V9）地址，指令的格式是操作码（op）+R+R，或者操作码（op）+R+I13。R 表示寄存器，I13 表示 13 位的立即数

过程调用指令和多数的条件跳转指令（在 SPARC 中称为分支）使用的是相对地址寻址，指令中用于表示偏移量的区域从 16 位到 30 位不等。无论偏移量大小是多少，跳转指令都会将偏移量数值左移 2 位（因为所有的指令地址都是 4 字节对齐的），然后将结果带符号扩展为 32 位或 64 位，将这个数值加上跳转指令或调用指令的当前地址，就可以得到目标地址。调用指令使用的是 30 位的偏移量，这意味着它可以跳转到 V8（32 位）地址空间的任何地方。调用指令将返回地址保存在寄存器 R_{15}。跳转指令中用到的偏移量可能会是 16 位、19 位或 22 位，这样能够编码的跳转距离对于大小合乎常理的函数是足够了。需要说明的是，偏移量是 16 位的情况，跳转指令格式中会将偏移量分隔为两段，高 2 位和低 14 位，分别存放在指令字的不同部分，但是这不会给链接器带来很大麻烦。

SPARC 也有一个跳转并链接指令，跳转部分按照与数据访问指令相同的方法计算目标地址，即将两个寄存器相加或者一个寄存器和一个常量（指令中的立即数偏移量）相加，链接部分将返回地址保存在某个目标寄存器中。

过程调用可以使用 call 指令或跳转并链接指令，这会将返回地址保存在寄存器 R_{15}，然后跳转到目标地址。在函数返回时，使用指令 JMP8[R_{15}]，可以返回到 call 指令后面的第 2 条指令的位置（SPARC 的调用和跳转指令是延迟执行的，可以在跳转或调用之前选择执行紧挨在后面的那条指令）。

SPARC V9

SPARC V9 将所有的寄存器扩展为 64 位，使用寄存器的低 32 位来兼容原有的 32 位程序。所有已存在的指令仍然按以前的方式工作，除了寄存器已经由 32 位扩展为 64 位了。新

的加载指令和存储指令处理的是 64 位数据，新的分支指令可以根据前一个指令的结果进行跳转，结果数据可以是 32 位或 64 位。SPARC V9 没有专门的指令用于生成一个全 64 位的地址，也没有专门供 64 位使用的调用指令。完整的 64 位地址需要通过一个冗长的过程来生成：使用两个独立的 32 位寄存器，分别使用 SETHI 和 OR 为它们创建两个 32 位的地址，然后将存储高位寄存器向左移 32 位，并通过 OR 操作将高位和低位两部分合在一起。在实际使用中，系统会生成一个专门的指针表存储着函数的 64 位地址，模块间调用时会直接从表中加载目标函数的地址到某个寄存器，然后使用跳转并链接指令来实现调用。

2.6.3　Intel x86

Intel x86 是目前我们讨论的三种体系结构中最复杂的，它支持不对称的指令集和分段的地址空间，有 6 个 32 位的通用寄存器 EAX、EBX、ECX、EDX、ESI 和 EDI，同时还有两个主要用于寻址的寄存器 EBP 和 ESP，6 个专用的 16 位段寄存器 CS、DS、ES、FS、GS 和 SS。每个 32 位寄存器的低半部可以当作 16 位寄存器使用，分别为 AX、BX、CX、DX、SI、DI、BP 和 SP。从 AX 到 DX 寄存器的低 8 位和高 8 位又可以当作 8 位的寄存器独立使用，依次为 AL、AH、BL、BH、CL、CH、DL 和 DH。在 8086、186 和 286 中，很多指令需要操作数放在特定的寄存器中，但在 386 和之后的芯片中，多数（并不是全部）需要特定寄存器的指令都被统一为可以使用任何寄存器。ESP 是硬件栈指针，总是保存着当前栈顶的地址。EBP 通常作为栈框寄存器来使用，指向当前栈框的基地址（指令集建议这样使用，但不是强制的）。

x86 处理器在运行过程中会有三种模式：实模式（用于模仿最初的 16 位 8086），16 位保护模式（最早在 286 中加入），及 32 位保护模式（从 386 开始加入）。保护模式中涉及 x86 声名狼藉的段机制，但我们这里暂时先不讨论。

在访问内存中的数据时，多数指令格式中的地址表示方式是相同的，如图 2-6 所示（不使用特定架构定义的寄存器的指令会有特殊的指令地址格式，例如 PUSH 和 POP 指令总是使用 ESP 来对栈寻址）。一次访存的目标地址由三部分构成：偏移量（写在指令中的有符号立即数，可以是 1 字节、2 字节或 4 字节），基址寄存器（可以为任意一个 32 位寄存器）和索引寄存器（索引寄存器是可选的，可以使用除 ESP 外任意 32 位寄存器），将这三者中的任选两个加起来，或者全部加起来，都可以用来计算得到地址。索引寄存器的值可以左移 0 位、1 位、2 位或 3 位，这样在访问数组时，如果数组元素是字节的，索引的使用会更容易一些。

按照 x86 的指令格式，可以在一个指令中同时使用偏移量、基址和索引来进行寻址，但是实际情况并不会都是这么复杂。大多数情况下，只会在指令中使用一个 32 位的偏移量，用来直接寻址，或者是一个基址寄存器加上一个字节或两个字节的偏移量，用来在栈中寻址和基于指针的内存访问。x86 的指令长度没有限制，从链接器的观点看，直接寻址中使用的地址数据，可以出现在程序中任何字节对齐的位置。

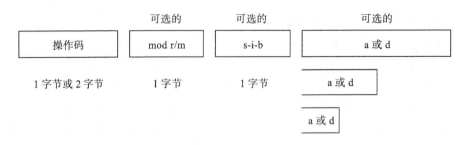

mod r/m 模式寄存器用于设置地址格式
s-i-b 用于配置索引的左移位数，或者是表示基址寄存器，
也可以同时表示它们两个
地址可以是绝对地址，也可以是相对于基地址的偏移量，
也可以是相对索引寄存器的偏移量，也可以是相对二者之
和的偏移量

图 2-6   x86 的常用指令格式

　　条件跳转、无条件跳转或过程调用通常都使用相对寻址。跳转指令中的偏移量可以是 1 字节、2 字节或 4 字节，偏移量与当前指令的下一条指令的地址相加，得到跳转的目标地址。调用指令可以使用一个 4 字节的绝对地址，也可以使用任何一种通常的寻址模式来指定跳转目标的内存地址。这意味着，跳转指令和调用指令可能出现在 32 位地址空间的任何位置。无条件跳转和调用指令也可以使用上面描述的任何一种计算数据地址的方法来计算目标地址，这种情况多数用在对存储在寄存器中的地址进行跳转或调用时用到。调用指令会将返回地址压入 ESP 指向的栈中。

　　无条件跳转指令和过程调用指令也可以直接使用 6 字节的 "段 / 偏移量" 地址格式，或者通过前面类似的计算得到一个存储着段 / 偏移量信息的地址。这些调用指令在调用时会将返回地址和调用者的段号压入栈中，这就可以支持段间的调用和返回。

2.7   分页和虚拟内存

　　在多数现代计算机系统中，每个程序都可以寻址一个巨大的地址空间，在一个典型的 32 位系统中，地址空间通常是 4GB。很少有机器有那么大的物理内存⊖，即使有，也不可能为每个要运行的程序都配置 4GB 内存，物理内存需要在多个程序之间共享。分页硬件将一个程序的地址空间划分为大小固定的块，每块称为一页（page）。一个页的大小通常是 2KB 或 4KB，同时将计算机的物理内存划分为同样大小的块，称为页框（page frame）。硬件中使用了表来记录地址空间中各个页的状态，称为页表（page table），每个页对应页表中的一项，每个程序的地址空间有一个页表，如图 2-7 所示。

　　页表项中存储的是某个页与物理内存中的某个页框的对应关系，如果某个页表项没有对应的页框，则通过标志位标注该页不存在。当应用程序尝试访问一个不存在的页时，硬件会产生缺页错误（page fault），这个硬件事件由操作系统负责处理。操作系统一般会将页的内容从磁盘上复制到一个空闲的内存页框中，在页表中标注对应关系并让应用程序继续运行。这种方式可以按需将页在内存和磁盘之间移动，操作系统使用这套机制建立了虚拟内存机

　　⊖   注意这本书是 20 年前写成的，当时确实是这样的。——译者注

制。虚拟内存使得应用程序可以使用更大的地址空间，可能远比实际内存容量大得多。

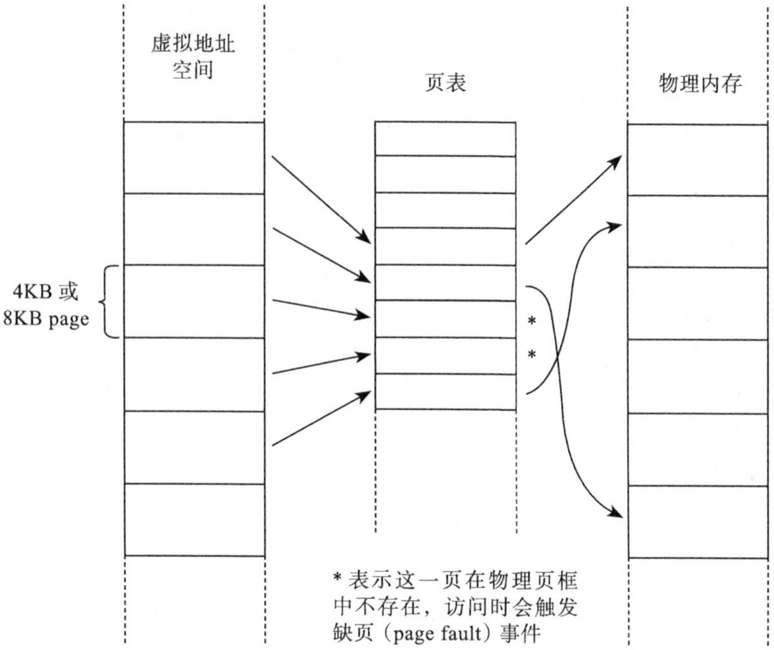

图 2-7　页映射机制。通过一个大页表将页和物理页框对应的示意图

　　虚拟内存也会带来一些运行时的开销。执行一条指令只需要不到 1 微秒的时间，但由于缺页事件导致随后的调入或调出页操作（将页的内容从磁盘传送到主存，或相反的过程）往往需要若干毫秒，因为磁盘传输是一个很慢的操作。应用程序产生的缺页事件越多，它就运行得越慢，最坏的情况会导致抖动（thrashing），这时系统会忙于处理缺页事件，而程序原本的有效任务没有任何进展。程序使用的页越少，它可能产生的缺页事件也就越少。如果链接器可以将有关联的函数压缩到一个页或者少量的几个页，就会提高分页机制的性能。

　　如果一个页可以被标注为只读（Read-Only），那么也可能会提升性能。由于只读页没有发生任何的修改，就可以不需要调出操作而直接丢弃上面的内容，再次需要时可以从原来的存储位置重新加载即可。如果在多个程序的地址空间中有内容完全相同的页（常见于运行同一个程序的多个实例时，代码部分的内容都是一样的），这时可以用一个物理页同时映射到所有需要的地址空间中。

　　如果一个 x86 系统有 32 位的寻址空间，使用 4KB 大小的页，那么就需要一个拥有 2^{20} 个项的页表，才能覆盖整个地址空间。每个页表项通常为 4 字节，这会使得整个页表的大小变成 4MB，这是非常不切实际的⊖。因此，可分页的架构会在这个巨大的页表上再次使用分页机制，用高层的页表指向低层的页表，低层的页表中才真正存储那些虚拟地址所对应的物理页框的映射关系。在 370 上，高层页表（被称为段表，segment table）的每一项映射 1MB 的地址空间，这样在 31 位地址模式时段表中共包含有 2048 项。如果段表中的某一项是空的，就表示这一项对应的整个段都不存在对应的页框；如果不是空的，表项中的地址会

　　⊖　作者成书的时间，当时个人计算机的主流配置内存在 16M 左右。——译者注

指向将那个段的低层次页表，记录着这个段内的页和页框的映射信息。每一个低层次页表共有 256 个页表项，每一项对应着段中 4KB 的内存区域。x86 也使用了类似的方式来划分它的页表，只是对齐的边界略有差别。每一个高层页表（称为页目录表，page directory）的表项映射 4MB 的地址空间，这样高层次页表共有 1024 项。每一个低层的页表同样包含 1024 项，用来去映射这 4MB 的地址空间中页和页框的对应关系，每一页 4K，正好也是 1024 项。SPARC 架构的页大小也定义为 4KB，而且它的页表有三级，而不是两级。

无论是两级页表或是三级页表，对应用程序而言都是透明的，但也有例外的情况：操作系统可以通过修改高层页表的某一项来对一大块地址空间进行操作（在 370 上是 1MB，在 x86 上是 4MB，在 SPARC 上是 256KB 或 16MB）。因此，由于效率的原因，地址空间经常以这样的大块为单位进行管理，这样可以通过替换一个完整的低级页表来实现地址空间切换，而不用一页一页地去加载，这在实现进程切换时使用较多。

2.7.1　程序的地址空间

每个程序都运行在一个由计算机硬件和操作系统共同定义的地址空间中。链接器和加载器需要生成与这个地址空间匹配的可执行程序。

最简单的地址空间描述最早出现在 PDP-11 版本的 UNIX 中。当时的地址空间为从 0 开始的 64K 字节。程序的只读代码从位置 0 加载，可读写的数据跟在代码的后面。PDP-11 的页大小为 8KB，所以数据会从代码后面 8K 对齐的地方开始向后延伸。栈从 64K-1 的地方开始向下生长，随着栈和数据的增长，它们各自对应的区域会变大：当它们相遇时，就表示程序没有可用的地址空间了。在 PDP-11 之后出现的是 VAX 版本的 UNIX，它使用了相似的策略。每一个 VAX UNIX 程序的头两个字节都是 0（这是一个寄存器掩码，用于表示什么也不要做）。因此，一个全 0 的空指针是可以读写的（也不会对程序产生任何影响），如果一个 C 程序将 null 指针作为一个字符串指针，那么地址 0 上存储的数值 0，会使得程序将它当成串尾符，从而把这个字符串当作空串来对待。由于这个原因，20 世纪 80 年代的 UNIX 程序中，出现了很多由于空指针的原因而难以发现的 bug。多年以后，当需要将 UNIX 的程序移植到其他体系结构或操作系统上时，都会专门在地址 0 的位置提供一个可供访问的字节，且让它的值为 0，这样显然比修正所有的空指针访问 bug 要容易得多。

UNIX 系统将每个程序都放置在单独的地址空间中，而操作系统运行在与应用程序在逻辑上隔离的地址空间中。那些将多个程序放在同一地址空间的操作系统，由于程序的实际加载地址只有在程序运行时才能确定，因此就使得链接器和加载器（尤其是加载器）的工作更为复杂。

x86 上的 MS-DOS 系统不使用硬件保护，所以系统和应用程序共享同一个地址空间。当系统运行一个程序时，它会查找最大的空闲内存块（可能会位于地址空间的任何位置），将程序加载到其中，然后运行它。IBM 的大型主机操作系统所做的跟这差不多，也是将程序加载到有效地址空间的可用内存块中。在这两种情况下，都需要通过必要的调整才能让程序在被加载的位置正确运行，这个工作可能是程序加载器完成的，在某些时候也可能是程序自身完成的。

MS Windows 采用了一种特殊的加载策略。在链接时，每个程序都假设自己会被加载到同一个标准化的起始地址上，但是在可执行程序中又带有重定位信息。当 Windows 加载这个程序时，如果可能就将程序放置在标准的起始地址处，但如果这个地址不可用那就会将它加载到其他地方。

2.7.2 文件映射

虚拟内存系统会将数据在真实内存和硬盘之间来回移动，当数据无法保存在内存中时就会将它交换到磁盘上。最初，交换出来的页面都是保存在一个单独的匿名磁盘空间上的，与文件系统的名称空间相隔离。换页机制发明之后不久，设计者们发现通过让换页系统读写命名的磁盘文件可以将换页系统和文件系统合并统一起来。一个应用程序可以将一个文件映射成为它的地址空间的一部分，这时操作系统将那部分地址空间对应的页设置为"不存在"，然后这个文件就可像这部分地址空间对应的页交换磁盘那样来使用，如图 2-8 所示。程序可以通过访问这部分地址空间的方法来读取文件的内容，这时换页系统会从磁盘加载所需的页。

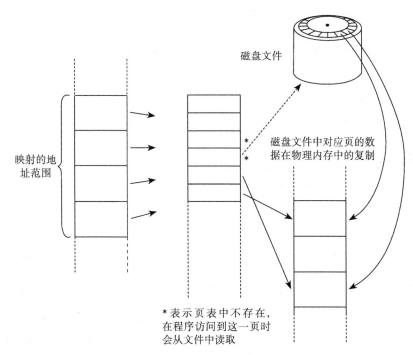

图 2-8　文件映射至地址空间。一部分页框是程序的局部数据，一部分页框中是磁盘的数据，都映射至程序的地址空间中

处理对映射文件的写操作有三种不同的方法。第一种也是最简单的方法是将文件以只读方式（RO）映射，任何对映射文件数据的写操作都会失败，这通常会导致程序终止。第二种方法是将文件以可读写方式（RW）映射，这样对映射文件在内存中副本的修改会在取消映射的时候写回磁盘上。第三种方法是将文件以写时复制方式（Copy-On-Write, COW）映射。在这种方法中，操作系统会首先将这一个页面映射为只读的，当程序试图向这个页面写入数据时，操作系统会对该页面做一个副本，这个副本会被程序当作私有页来对待。在应用程序

看来，这种 COW 的映射方式很像是自己分配了一块私有的新内存并将文件内容读入其中，本程序所做的修改仅对自己可见而对其他程序不可见。

2.7.3　共享库和程序

在几乎所有能够同时运行多个程序的系统中，每个程序都会有一个独立的页表，使它们各自都有一个逻辑上独立的地址空间。这样出错的程序或恶意的程序无法影响或窃取其他程序的信息，这可以使得系统更加健壮，但也会带来性能问题。如果同一个程序或同一个程序库在多个地址空间中被使用，若能够在多个地址空间中共享这个程序或程序库的同一个副本，那将节省大量的物理内存。对于操作系统来说，实现这个功能是相当容易的——只需要将同一个可执行程序文件映射到每一个程序的地址空间即可。不可重定位的代码和只读的数据以 RO 方式映射，可写的数据以 COW 方式映射。操作系统还可以让所有映射到该文件的进程之间共享 RO 和尚未被写的 COW 数据对应的物理页框（如果代码在加载时需要重定位，重定位过程会修改代码页，那它们就必须被当作 COW 对待，而不能是 RO）。

要达到这种共享效果，需要链接器予以相当多的支持。在生成可执行程序时，链接器需要将所有的可执行代码汇集起来形成文件中被映射为 RO 的部分，将数据汇集被映射为 COW 的那一部分。这样汇集的数据，每一个部分的开始地址都需要按页边界对齐，这种对齐的要求，既针对逻辑上程序要被加载的地址空间，也包括实际上程序被存储的文件中[⊖]。当多个不同程序使用一个共享库时，链接器需要做标记，好让程序能在启动时将共享库映射到它们各自的地址空间中。

2.7.4　位置无关代码

当一个程序在多个不同的地址空间运行时，操作系统通常可以将程序加载到各个地址空间的相同位置。这样可以让链接器在程序绑定地址时，将所有的地址位置都固定下来，在程序加载时也不需要进行重定位，因此链接器的工作简单了很多。

共享库使情况变得相当复杂。在一些简单的共享库设计中，每一个库会在系统启动时或库被建立时分配一个全局唯一的内存地址。这可以让每一个库放置在固定的位置上，但由于这种方案要求库所占用的内存地址是一个全局列表，需要由系统管理员统一维护，这就给共享库的管理带来了严重的瓶颈。再进一步，如果一个库的新版本比之前的版本尺寸大，无法保存在先前分配的位置，那么整个系统中所有的共享库，以及引用这些库的程序都需要被重链接。

可以想到的一个解决思路就是允许不同的程序将库映射到各自地址空间的不同位置。这会使库的管理容易一些，但是这需要编译器、链接器和程序加载器的配合，好让库在工作的时候不受到它被加载的地址空间的影响。

一个简单的方法是在库中包含标准的重定位信息，在库被映射到各个地址空间时，加载器可以修改程序中需要重定位的地址以匹配库被加载的位置。不幸的是，修改的过程会导致对库的代码和数据的修改，这意味着若它是按照 COW 方式映射的则对应的页不能再共享，

⊖　后续系统中不再对物理文件中偏移量的对齐有强制要求。——译者注

或它是按照 RO 方式映射的则会导致程序崩溃。

为了避免这种情况，共享库需要使用位置无关代码（Position Independent Code, PIC），就是被加载到内存中的任何位置都可以正常工作的代码。共享库中的代码通常都是位置无关代码，这样代码可以以 RO 方式映射。数据页仍然带有需要被重定位的指针，但由于数据页将以 COW 方式映射，因此这里对共享不会有什么损失。

对于大部分计算机系统，位置无关代码是非常容易创建的。本章中讨论的三种体系结构都使用相对跳转，因此例程中的跳转指令都无须重定位。对栈上的局部变量数据引用是基于基址寄存器的相对寻址，因此也不需重定位。仅有的挑战在于对那些不在共享库中的函数的调用，以及对全局数据的引用。因此在库代码中，直接数据寻址和 SPARC 的高位 / 低位寄存器加载技术是不能使用的，因为它们操作的都是绝对地址，需要在运行时重定位。幸运的是，还有很多方法可以用来处理库间调用和全局数据引用。我们会在第 9 章和第 10 章中再对其详细讲解。

2.8 Intel 386 分段

本章最后的话题是关于 Intel 架构中的分段系统。除了一些遗留下来的 ex-Burroughs Unisys 大型主机系统外，x86 系列是唯一仍在使用的支持分段架构的计算机系统。但是由于它非常流行，我们不得不处理它。我们后面会讲到，其实在 32 位操作系统中不怎么使用分段机制，而在老一些的系统和 16 位的嵌入式 x86 系列中分段机制使用的比较广泛。

8086 最初是按照 8080 和 8085 微处理器的后继版本来设计的。8080 和 8085 是 Intel 的 8 位处理器产品，当时颇为流行。8080 具有 16 位地址空间，这使得 8086 的设计者在设计时进退维谷，是保持对 16 位地址空间的兼容，还是要提供更大的地址空间。他们最终妥协了，实现的方法是提供了多个 16 位的地址空间，其中每个 16 位的地址空间就是我们知道的段。

x86 程序在运行时可以使用 4 个段，由四个段寄存器定义。CS 寄存器定义了代码段，用来标识读取指令的地址区域；DS 寄存器定义了数据段，用来标识读写数据的地址区域（大部分数据都在数据库，但并不是全部）；SS 寄存器定义了栈段，主要用作 PUSH 和 POP 指令的操作数，同时程序的返回地址会通过 call 和 return 指令被压入和弹出栈中，以 EBP 或 ESP 为基址寄存器可以完成对栈段中数据的引用；ES 寄存器定义了扩展段，一些新的字符串操作指令会用到这个段。386 和之后的芯片还定义了 2 个新的段寄存器 FS 和 GS。利用段将整个地址空间划分，对任何数据的引用都可以定向到某一个特定的段中。例如，指令 MOV EAX, CS:TEMP 可以从代码段中位置 TEMP 处读取一个数据，其中 CS 标明了代码段，不是数据段。FS 和 GS 段仅在段分段划分覆盖（segment override）时使用。

段寄存器的值可以相同。多数程序会将 DS 和 SS 设置为相同的数值，这样指向栈中临时变量的指针和指向全局变量的指针就可以通用了。也有一些小型程序会将四个段寄存器设置成相同的值，这样其实是把地址空间压缩到了一个段中，我们把它称为"微小（tiny）"模式。

在 8086 和 186 处理器上，体系结构中定义了一种段寄存器的值与内存地址之间的固定映射方法，即将段寄存器的数值左移 4 位。例如段寄存器的数值为 0x123，那么它可以寻址的内存地址是从 0x1230 处开始的。这种简单的寻址方式也被称为"实模式"。在这种模式下，程序员经常将一个段寄存器可以寻址的 16 字节的内存单元称为小节（paragraphs）。

286 开始引入了保护模式，操作系统可以将段映射到实际内存的任何位置，并可以通过将段标注为"不存在"而实现基于段的虚拟内存。每个段可以标识三种权限，分别为可执行、可读或可读写，以提供段级的保护机制。386 将保护模式扩展到 32 位，这样每个段最大可以到 4GB 而不再是原来的 64KB。

在 16 位寻址模式中，除了最小的程序外其他的情况都需要处理分段模式的寻址。修改段寄存器中的内容是比较慢的，在 486 上修改段寄存器需要 9 个时钟周期，而修改通用寄存器内容只需 1 个时钟周期。因此，程序员和编译工具开发者费了很大的周折将数据和代码挤入尽可能少的段中，以尽量避免改变段寄存器中的内容。链接器提供了分组（group）功能，将相关的代码或数据汇集到一个段中。代码和数据的指针被分成了两类，一种是近（near）指针，仅使用偏移量，另一种是远（far）指针，需要同时提供段地址和偏移量才能寻址。

编译器将内存的使用模式分成了几类，针对不同的类，在生成代码时为其选择适合的默认指针类型，是近指针类型还是远指针类型。小内存（small）模式的代码中所有的指针都是近类型，且仅有一个代码段和数据段。大内存（large）模式代码有多个代码和数据段，所有的指针缺省都是远类型。如何能够用好分段机制写出高效的代码是很有技巧的，而且已经有相关的文档很好地阐述了这些方法，本书中就不再探讨了。

分段的寻址模式给链接器带来了严峻挑战。程序中的每一个地址都要有一个段地址和段内偏移量。目标文件含有多个代码块，它们可能会被链接器装入不同段中。运行在实模式下的程序，必须将程序的段标注好，以确保程序在加载时能被重定位到实际的段位置。在保护模式下执行的程序更需要标注出数据将被加载到哪个段，并且对每个段采取怎样的保护（可执行，只读数据，可读写数据）。

386 支持 32 位的段，同时也兼容了 286 的 16 位段的所有特性，但多数 32 位程序根本就不使用段。386 中也加入了分页机制，它可以提供分段机制多数的实用优点，并且没有性能损失，也没有引入编写段操作代码的额外工作。因为只使用分页机制，将所有的段都落在同一个地址空间里，多数 386 操作系统在微小（tiny）模式下运行应用程序，由于 386 的段也已经不再那么小了所以它有一个更为人知的名字叫作扁平（flat）模式。它们会创建代码段和数据段，每个段都有 4GB 长并且都映射到同一个 32 位的分页的地址空间上。即使应用程序只使用一个段，这个段也有整个地址空间这么大。

386 可以支持在一个程序中既使用 16 位的段又使用 32 位的段，也有一些操作系统对这一特性提供了软件支持，例如 Windows95 和 Windows98 就利用了这个功能。Windows95 和 Windows98 中支持了一个 16 的位地址空间用于运行 Windows3.1 时代的遗留程序，所有这些 16 位程序共享这一个地址空间；同时，新的 32 位程序运行在各自的地址空间（使用微小模式）中，并将 16 位地址空间映射到 32 位地址空间中的特定区域⊖，以使得新旧程序之间可以相互调用。

⊖　就是 32 位地址空间中低段地址上 64K 的"洞"。——译者注

2.9 嵌入式体系结构

嵌入式系统中的链接会遇到多种奇怪的问题，在其他环境中很少遇到。虽然嵌入式芯片的内存容量有限，性能也不高，但是它们分布广泛且用量很大，一段嵌入式程序可能会在成千上万的设备上运行，因此优化程序以使其使用尽可能小的内存容量，运行地尽可能快，收益是巨大的。一些嵌入式系统会使用通用芯片的低成本型号，例如 80186，也有系统会使用专用的嵌入式处理器，使用诸如 Motorola56000 系列 DSP（数字信号处理器）等。

2.9.1 怪异的地址空间

嵌入式系统通常地址空间较小，但是分布却与常规计算机系统有很大的不同，所以可以说是"怪异的地址空间"。一个设备可能只有 64K 的地址空间，但是可能会包含高速的片内 ROM 和 RAM、低速的片外 ROM 和 RAM、片内外设、片外外设等，而且这些 ROM 和 RAM 所占据的区域也可能是不连续的。例如，56000 系统中，有 3 个地址空间，每一个都有 64K 个 24 位字，且每一个都可以是由 RAM、ROM 和外设组合而成的。

嵌入式程序都会依赖于使用的开发板，开发板上有处理器芯片以及配套的逻辑电路和其他芯片。开发板的种类很多，即使处理器相同，不同开发板的内存布局也可能不同。不同型号的芯片和开发板会配置不同容量的 RAM 和 ROM，所以程序员在设计时需要多种多样的选择，是要努力将程序挤入更小的内存，以使用成本更低的硬件方案，还是要使用内存容量更大、性能更高的芯片，但是花掉更多的钱。

为了适应这些硬件的变化，嵌入式系统的链接器需要有办法来指明被链接程序在内存布局上的大量细节，将特定类型的代码和数据针对不同的内存设备以分别对待，例如指定某个函数或者变量放到特定的地址上。

2.9.2 非统一内存

访问片上内存要比片外内存快很多，因此在同时具有两类内存的系统中，对时间要求严格的程序需要放在快的内存中。理想的情况下，在链接时可以将程序中所有对时间敏感的代码放入快速的内存中。但通常系统的资源并不足以这样做，此时，将数据或代码从慢速内存复制到快速内存中就是一种很有效的优化方案，这样多个函数可以在不同时间中共享快速内存。对于这种技巧，如果能够告诉链接器"将这段代码放在 XXXX 地址，但链接时假设它被放置在 YYYY 地址"，假设 XXXX 是低速内存中的地址，YYYY 是高速内存中的地址，那么就可以将代码从 XXXX 位置复制到 YYYY 位置运行而程序不会出错了。

2.9.3 内存对齐

DSP 对某些数据结构有非常严格的内存对齐要求。例如，在 56000 系列上有一种非常高效的循环缓冲区处理方式，但这种指令的寻址模式需要缓冲区的起始要对齐在 2 的整数幂次的边界上，且对齐的单位要不小于缓冲区的大小，例如对于 50 个字大小的缓冲区就需要对齐在 64 字节的边界上。快速傅立叶变换（Fast Fourier Transform，FFT）是一个在信号处理中极其重要的运算，同样需要 FFT 操作的数据也要对齐在 2 的整数幂次的边界上。与传统的体系结构不同，这里对齐的边界会依赖于数据块的大小，因此如何高效地整合数据，并将它们装入可用内存，变成一个非常烦琐的工作，需要技巧和耐心。

2.10 练习

1. 一个 SPARC 程序包含这些指令（这只是一个示例，并不是真正可用的程序）。

```
Loc  Hex              Symbolic

1000 40 00 03 00      CALL X
1004 01 00 00 00      NOP  ;空指令，用于延迟
1008 7F FF FE ED      CALL Y
100C 01 00 00 00      NOP
1010 40 00 00 02      CALL Z
1014 01 00 00 00      NOP
1018 03 37 AB 6F      SETHI r1, 3648367 ; 为 r1 的高 22 位赋值
101C 82 10 62 EF      ORI r1, r1, 751  ; 用 OR 指令为 r1 的低 10 位赋值
```

   a. 在一个 call 指令中，高 2 位是指令代码，低 30 位是一个有符号字（不是字节）用于表示偏移量。请计算 X、Y 和 Z 的地址是多少？用十六进制表示

   b. 在 1010 处，对 Z 的调用都做了什么？

   c. 在 1018 和 101C 处，用两个指令将一个 32 位地址调入寄存器 R_1。SETHI 用于将指令编码的低 22 位调入寄存器 R_1 的高 22 位，ORI 的作用会将指令的低 10 位通过"或"运算放入寄存器。这两条指令运行后，寄存器 R_1 中保存的地址是什么？

   d. 如果链接器将 X 移到 0x2504 处但不改变上述代码的位置，需要将 1000 处的指令如何修改，才能使其仍然指向 X？

2. 假设一个奔腾程序包含如下指令（不要忘记 x86 是小端序的）：

```
Loc  Hex                 Symbolic
1000 E8 12 34 00 00      CALL A
1005 E8 ?? ?? ?? ??      CALL B
100A A1 12 34 00 00      MOV %EAX, P
100F 03 05 ?? ?? ?? ??   ADD %EAX, Q
```

   a. 函数 A 和数据字 P 的地址是什么？（提示：在 x86 系统上，相对地址是根据当前指令的下一个字节的地址计算的）

   b. 如果函数 B 是在地址 0x0f00，数据字 Q 在地址 0x3456，示例代码的 ?? 都应该是什么？

3. 链接器和加载器是否需要"理解"目标体系结构指令集中的每个指令？如果一个目标系统使用了新型号的处理器，增加了新的指令，是否需要修改链接器来支持？如果只是增加新的寻址模式呢？例如，286 升级到 386 时，就是在现有指令下增加了新的寻址模式。

4. 回到计算的黄金时代，那个时候计算的任务异常火爆，使得程序员不得不在半夜工作，因为只有那个时候他们才能得到机时，而不是因为他们半夜起床。那个时代很多计算机系统都使用字而不是字节地址。例如，PD P-6 和 10 使用 36 位的字和 18 位的寻址方式，每个指令都是一个字，操作数地址在字的下半部。（理论上，程序也可以在数据字的上半部分存储地址，但实际上并没有哪个指令集直接支持了这种设置）对于一个链接器而言，

一个对字寻址的体系结构和一个对字节寻址的体系结构有多少不同？

5. 编写一个可重定向（retargetable）目标系统的链接器有多复杂呢（就是只需要修改特定区域的很少一部分源代码就可以对不同目标架构提供支持的链接器）？如何设计一个多目标代码链接器呢？就是指可以将一段源代码处理成为不同体系结构代码的链接器，不一定是在一次链接任务中完成的多体系结构支持，可以是为每一种体系结构单独执行一次。

目标文件

编译器和汇编器创建了目标文件。目标文件中包含着由源代码生成的二进制代码和数据。链接器将多个目标文件合并成一个文件，加载器读取目标文件，并将它们加载到内存中。通常在集成开发环境中，当用户需要从源代码构建一个程序时，编译器、汇编器、链接器会依次在后台"隐式地"运行，用户感觉不到它们的存在，它们只是被友好的用户界面"盖在下面"了。在本章中，我们会深入到目标文件格式和内容的细节。

3.1 目标文件中有什么

目标文件中通常包含五种信息：

- 头信息（header information）：文件的全局信息，诸如代码大小、翻译成该目标文件的源文件名称和创建日期等。
- 目标代码（object code）：由编译器或汇编器产生的二进制指令和数据。
- 重定位信息（relocation）：当链接器在调整目标代码的加载地址时，需要调整目标代码中与之相关的地址。对于每一处需要调整的代码，都要记录在重定位信息中。重定位信息是需要调整地址的代码位置的一个列表。
- 符号（symbol）：该模块中定义的全局符号，以及需要导入的符号，这些符号可能在其他模块中定义，也可能是由链接器定义的。
- 调试信息（debugging information）：这些信息通常与链接无关，但会被调试器使用到，包括源代码文件和行号信息、本地符号、目标代码使用的数据结构的描述信息（如 C 语言中定义的结构等）。

某些目标文件可能还会包含更多的信息，但上面这些用来学完本章已经非常充实了，我们也就不再赘述。并不是所有的目标文件格式都包含这几类信息，就算目标文件中除了目标代码之外什么都没有，它也可以成一个非常有效的目标文件格式。

设计一个目标文件格式

设计一个目标文件格式，实际上就是在寻找目标文件所处的各种应用场景的折中方案。一个文件可能是可链接的（即可以用作链接编辑器或链接加载器的输入），也可能是可执行的（即可以加载到内存中作为一个程序运行），或者可能是可加载的（即可以用作库，同程序一起被加载到内存中），或者它可能是以上几种情况的组合。某些格式只支持上面的一到两种用法，而也有一些格式则支持所有的用法。

　　一个可链接的文件还包含链接器处理目标代码时所需的扩展符号和重定位信息。目标代码经常被划分为多个小的逻辑段，它们的内容各不相同，链接器也会分别使用不同的手段处理它们。一个可执行程序中会包含目标代码（为了方便文件直接映射到地址空间中，通常这个区域是页对齐的），但是它可能不需要任何符号（除非它要进行运行时动态链接）以及重定位信息。目标代码可以是一个单独的大规模段，也可以是根据硬件执行环境而划分的一组小规模段（通常是按照只读和可读写的页权限划分的）。根据系统运行时环境细节的不同，一个可加载文件可能仅包含目标代码，也可能还包含了完整的符号和重定位信息，以支持运行时链接。

　　以上这些应用场景中对文件的需求各不相同，甚至有时会是截然相反的需求。例如，对于可链接文件，按照链接逻辑会将可链接的段按照依赖关系组合在一起，而对于可执行文件，按照易于硬件执行的方式会将可执行的段尽可能组合在一起，显然这两种策略是矛盾的。这种矛盾在一些小型计算机上更明显，通常链接器每次只能够处理可链接文件的一个片段，但可执行程序会以一个整体一次性加载到内存中。例如，在 MS-DOS 中的可链接 OMF格式与可执行 EXE 格式是完全不同的。

　　这里我们将会分析一系列常用的目标文件格式，从最简单的开始，一直到最复杂的。

3.2　空目标文件格式：MS-DOS 的 .COM 文件

　　有的目标文件格式非常简单，简单到除了可执行的二进制代码之外没有其他信息，著名的 MS-DOS 中的 .COM 文件就是这样的一个例子。一个 .COM 文件中除了二进制代码外没有其他的信息。当操作系统运行一个 .COM 文件时，它只需将文件的内容加载到一块空闲内存中，程序的入口在偏移量 0x100 处（0-0xFF 存放的是程序的命令行参数和其他参数，称为程序段前缀（Program Segment Prefix，PSP）），将所有的 x86 段寄存器设置为指向 PSP，将 SP（栈指针）寄存器指向该段的末尾（由于栈是向下生长的），然后跳转到被加载程序的入口处。

　　x86 的分段架构为这种简易的文件格式提供了必要的技术支撑。因为 x86 中所有的程序地址都是相对于当前段的基地址进行寻址的，为了运行 .COM 文件，所有的段寄存器都指向该程序被分配的运行空间的起始地址，即段的基址，而程序总是以相对段位置为 0x100 的方式被加载。因此，由于整个程序中使用的全是相对于段的相对地址，因此对于可以放入单个段的程序而言，所有的地址都可以在链接时确定，而不需要在加载时再进行调整。

　　对于那些不能放入单一段的程序来说，调整地址的工作需要程序员手动地完成。而且，确实有的程序就是这么做的，它们会在启动时读取某个需要的段寄存器的值，然后将它的值与保存在程序中的偏移量相加用来寻址。当然这类烦琐的工作还是趋向于由链接器和加载器来自动完成，MS-DOS 在后来的 EXE 文件中也确实是这么实现的，我们在本章稍后部分会讲到。

3.3　代码分段：UNIX 的 a.out 文件

　　能够用硬件支持内存重定位的计算机系统（即 MMU 这种地址转换的硬件，现在几乎所有的计算机都可以做到）通常都会为新运行的进程创建一个空白的地址空间用以加载程序。这种情况下，链接器在链接时可以假设程序总是从某个固定地址开始，而且不需要加载时重定位。UNIX 的 a.out 目标文件格式就是针对这种情况设计的。

最简单的情况下，一个 a.out 文件中包含一小段文件头信息，后面跟着的是一段可执行代码（由于历史的原因被称为代码段，text section），然后是静态数据的初始值，如图 3-1 所示。PDP-11 只有 16 位寻址，这使得程序的地址空间只有 64K。这个空间很快就无法满足应用的需求了，所以 PDP-11 产品线的后续型号为代码和数据分别提供了独立的地址空间（称为指令空间 I 和数据空间 D），这样一个程序可以拥有 64K 的代码空间和 64K 的数据空间。为了支持这个特性，编译器、汇编器、链接器都做出了修改，可以创建带有两个段的目标文件，代码放入第一个段中，数据放入第二个段中。程序加载时将第一个段载入 I 空间，将第二个段载入 D 空间。

图 3-1   a.out 格式的简易示意图

独立的 I 空间和 D 空间还有另一个性能上的优势：由于一个程序不能修改自己的 I 空间，因此一个程序的多个实例可以共享同一份代码占据的空间。在类似 UNIX 这样的分时系统上，Shell（命令解释器）和网络服务进程具有多个实例是很常见的，共享程序代码可以节省相当可观的内存空间。

现在唯一仍然能支持代码和数据单独寻址的通用计算机就是 286（或处于 16 位保护模式的 386），但这个思想仍然在使用。即使在地址空间巨大的现代计算机上，操作系统也可以通过虚拟内存来实现对只读的代码页的共享（只读区域的共享比可读 / 写区域的共享更高效），所有的现代加载器也都支持了这些机制。这意味着在链接器创建的格式中，至少需要标识出只读的段和可读写的段来。实际上，大多数的链接器都能支持多种类型的段，诸如只读数据、符号和重定位信息段（供后续链接操作使用）、调试符号段、共享库信息等（按照 UNIX 的惯例，将文件中的段 "section" 称为 "segment"，这两个词在中文翻译时基本会混用，在英文表述中，在讨论 UNIX 的文件格式时会换成这个术语）。

3.3.1   a.out 文件头

根据 UNIX 版本的不同，a.out 的文件头略有变化，但最典型的是 BSD UNIX 版本的设计，如图 3-2 所示（在本章的示例中，int 类型为 32 位，short 类型为 16 位）。

```
int a_magic;        // 魔数
int a_text;         // 代码段大小
int a_data;         // 初始化的数据段大小
int a_bss;          // 未初始化的数据段大小
int a_syms;         // 符号表大小
int a_entry;        // 入口点
int a_trsize;       // 代码重定位段大小
int a_drsize;       // 数据重定位段大小
```

图 3-2   a.out 文件头

魔数 a_magic 用于标识当前可执行文件的类型[⊖]。不同的魔数是用来告诉操作系统的程序加载器以不同的方式将文件加载到内存中（我们后文会讨论几个演变的版本）。a_text 和 a_data 分别标识了只读代码段和可读写数据段的大小，单位是字节，这两个段依次出现在文件头的后面。由于 UNIX 会自动将新分配的内存清零，因此初值无关紧要或者为 0 的数据不必在 a.out 文件中存储。因此，未初始化数据大小 a_bss 只是一个长度标识，用于标识可读写数据段后面逻辑上应该有多少未初始化的数据（实际上它们在文件中并不存在，只在运行时创建出来，而且还被初始化为 0）。

a_entry 用于表示程序的起始地址，a_syms、a_trsize 和 a_drsize 用于表示符号表与重定位信息的大小，这些信息放在文件中数据段的后面。已链接好的可执行程序中既不需要符号表也不需要重定位信息，所以除非链接器为了调试而专门加入了符号信息，否则在可执行文件中这些域都是 0。

3.3.2   与虚拟内存的交互

图 3-3 展示了操作系统加载和启动一个可执行文件的过程，文件有两个段，启动的过程简单直接。

- 读取 a.out 的文件头以获取各段的大小。
- 检查内存中是否已存在该文件的可共享代码段。如果是，将那个段映射到该进程的地址空间。如果没有，则按照长度分配一段内存并映射到地址空间中，然后从文件中读取代码段的内容放入这个新的内存区域。
- 创建一个足够容纳数据段和 BSS 的私有数据段，将它映射到进程的地址空间中，然后从文件中读取数据段放入内存中的数据段并将 BSS 段对应的内存空间清零。
- 创建一个栈段并将其映射到进程的地址空间（这个段通常与原来的数据段分离开来，但是由于堆和栈的增长方向不同，堆和栈是可以共享一个段的）。将命令行参数或者调用程序传递的参数放入栈中。
- 设置各种寄存器并跳转到起始地址。

⊖   历史上，最初在 PDP-11 上使用的魔数是八进制的 407，这个数字其实是一个跳转指令，它的意思是跳过它后面紧跟着的 7 个字（word），也就是整个文件头的长度，而跳转到代码段的起始位置。这其实是一种很初级的位置无关代码。利用加载器可以将整个可执行程序加载到内存中（包括头部在内，通常加载在位置 0），然后跳转到文件加载的起始位置运行程序，而控制权就会自动地跳转到代码段开始的地方。实际上，仅有很少量的程序真正使用了这个特性，但魔数 407 却被保留了下来，到现在仍然在使用。

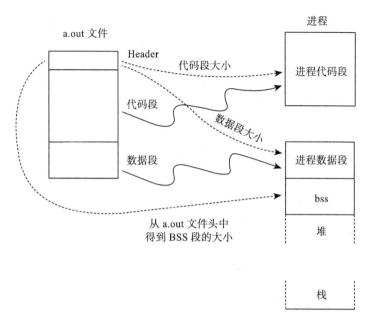

图 3-3　进程加载一个 a.out 文件的过程。图中展示了文件中的段，箭头表示数据流向

这种机制被称为 NMAGIC，其中 N 表示 new，当然这是相对于 1975 年的设计方案而言，是一种崭新的设计。这种机制相当有效，早期的 PDP-11 和 VAX UNIX 系统中连续几年都把这一格式标准应用到所有的目标文件中，而且 a.out 格式作为可链接文件的标准一直延续到 90 年代末，直到 a.out 格式的生命周期结束。UNIX 系统中采用虚拟内存后，又对这种简单的策略做了些许改进，进一步加速了程序的加载速度，并节省了相当可观的内存。

上述的简单机制会为每一个进程的代码段和数据段分配新的虚拟内存，在一个分页系统中，也就意味着分配新的虚拟内存页。由于 a.out 文件存储在磁盘中，所以目标文件本身可以被映射到进程的地址空间中。这样，当虚拟内存的内容需要换出到磁盘时，不需要为代码段的内容再分配磁盘空间，只需要为程序写入的那些页分配磁盘空间即可，这样可以节省磁盘空间。并且，由于虚拟内存系统的按需加载机制，只需要将程序确实需要的那些页从磁盘加载到内存中即可，而不必一次加载整个文件，这样也加快了程序启动的速度。

对 a.out 文件格式进行少许修改就可以做到这一点，如图 3-4 所示。这种格式标准被称为 ZMAGIC 格式，主要的变化是将目标文件中的段对齐到页的边界。在页大小为 4K 的系统上，a.out 头部扩展为 4K，代码段也要对齐到 4K 的边界，如果代码段长度不是 4K 的整数倍，需要对最后一块数据进行扩充，相应地，代码段大小（text_size）也需要变成 4K 的整数倍。需要说明的是，数据段并不需要额外的对齐操作，因为数据库后面总是跟着 BSS 段，并在程序加载时被清零，因此没有必要对数据段按照 4K 的整数倍扩充，也不用对数据段大小（data_size）进行页边界对齐。

ZMAGIC 格式的文件减少了不必要的页面操作，但相应地，付出的代价是浪费了大量的磁盘空间。a.out 的文件头仅有 32 字节长，但是仍需分配 4K 的磁盘空间给它。代码段和数据段之间的空隙也平均浪费了 2K 空间，即 4K 页的一半。上述这些问题都在压缩可分页格式（compact pagable format，称为 QMAGIC 格式）中被修正了。

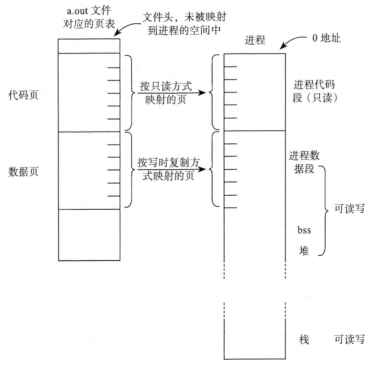

图 3-4　将 a.out 文件映射到进程中。图中展示了文件和段的结构，也展示了页框与段中内容的映射关系

压缩可分页文件中（QMAGIC）将文件头也作为代码段的一部分，因为并没有什么特殊的原因要求代码段中的代码必须从地址 0 处开始运行，因此我们试图将程序的开始地址放到别的地方。实际上，由于未初始化的指针变量经常为 0，地址 0 也确实不是一个程序入口的好地方。代码紧跟在文件头的后面，并将整个页映射为进程的第二个页，而不映射进程地址空间的第一个页，这样对地址 0 的指针引用就会失败，而代码会从第二个页的文件后偏移量之后开始，如图 3-5 所示。它也产生了一个副作用，就是将头部映射到进程的地址空间中了，当然这并没有什么坏处。

QMAGIC 格式的可执行文件中代码段和数据段都扩充到了一个整页，这样系统就可以很容易地将文件中的页映射到地址空间中的页。数据段的最后一页用 0 填充补齐，正好用作 BSS 段的数据；如果 BSS 数据大于用来填充补齐的空间，那么 a.out 的文件头中还会保存剩余需要分配的 BSS 空间的大小。

BSD UNIX 将程序加载到位置 0（在 QMAGIC 格式中是 0x1000），其他版本的 UNIX 会将程序加载到不同的位置。例如，System V 在 Motorola 68K 系列上运行时会将程序加载到 0x80000000 处，在 386 上运行时会加载到 0x8048000 处。只要地址是页对齐的，并且能够与链接器和加载器达成一致，加载到哪里都没有关系。

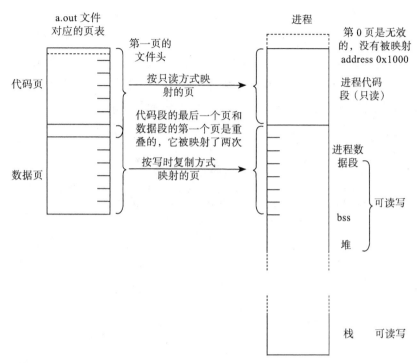

图 3-5   将一个压缩的 a.out 文件映射到进程中。图中展示了文件和段的结构，也展示了页
框与段中内容的映射关系

3.4　重定位：MS-DOS 的 EXE 文件

如果系统可以为每一个进程分配新的地址空间，让每个程序都可以加载到相同逻辑地址，那么对于这样的系统而言，a.out 格式就足够了。但是很多系统就没有那么完善。有一些系统只能将所有的程序加载到同一个地址空间，还有一些系统虽然会为程序分配自己的地址空间，但是并不总是将程序加载到相同的地址（32 位的 Windows 系统就属于这一类）。

在这些情况下，可执行程序会包含多个重定位项（relocation entry，有时也叫作调整项，FIXUPP），用于标识程序在被加载时需要进行地址修改的位置。使用了 FIXUPP 的最简单的格式之一就是 MS-DOS 中的 EXE 格式。

正如我们前面分析 .COM 格式时讲到的那样，DOS 使用的是实模式，会将程序载入到一块连续的可用内存中。如果一个 64K 的段无法容纳整个程序，就需要专门使用一个段基址寄存器，利用段基址对代码和数据进行寻址，并在程序加载时调整程序中的段基址以匹配程序实际加载的位置。文件中的段基址是按照程序将被加载到位置 0 来链接的，所以 FIXUPP 的任务就是将程序实际被加载到的段基地址与存储在程序中的段基址相加。就是说，如果程序实际被加载到位置 0x5000，即段基址为 0x500，那么如果文件使用的某个段的基址为 0x12，它将会被重定位为 0x512。由于程序是以一个整体被重定位的，段内偏移量不会改变，所以加载器不需要修正程序中除段基址之外的其他内容。

每个 EXE 文件都有一个文件头，结构如图 3-6 所示。文件头后面是一些关于变量长度的额外信息（用于加载使用覆盖技术 overlay 的程序，自解压文件和其他与应用程序相关

的"黑科技")和一个 FIXUPP 信息列表,表中每项是 32 位地址,格式是段基址:偏移量
(segment:offset)。FIXUPP 地址给出的是基于程序起始地址的相对地址,所以这些 FIXUPP
地址本身也需要被重定位以找到程序中那些需要被修改的地址。FIXUPP 列表后是程序代码。
在代码的后面,也许还有可能会有额外的信息,但程序加载器会忽略它们。(在下面的例子
中,far 类型指针为 32 位,包括 16 位的段基址和 16 位的段内偏移量)

```
char signature[2] = "MZ";  // 魔数
short lastsize;            // 最后一块中真正使用的字节数
short nblocks;             // 文件的块数,一块的大小是 512 字节
short nreloc;              // 重定位项的个数
short hdrsize;             // 文件头占据的块数,一块的大小是 16 字节
short minalloc;            // 需额外分配的最小内存量
short maxalloc;            // 需额外分配的最大内存量
void far *sp;              // 初始栈指针
short checksum;            // 文件校验和
void far *ip;              // 初始指令指针
short relocpos;            // 用于重定位的 FIXUPP 列表位置
short noverlay;            // 覆盖块的个数,不使用该技术时则为 0
char extra[];             // 使用覆盖技术所需的额外信息等
void far *relocs[];        // 重定位项,从 relocpos 开始
```

图 3-6 EXE 文件头的格式

加载 EXE 文件与加载 .COM 文件差别不多,只是稍微复杂一点。

- 读入文件头,验证魔数是否有效。
- 找一块大小合适的内存区域。minalloc 和 maxalloc 域标识了应该在被加载的程序
  之后需额外分配的内存块的最大尺寸和最小尺寸(链接器缺省情况会将最小尺寸设置为
  程序中未初始化数据的大小,与 BSS 段的机制类似,最大尺寸缺省设置为 0xFFFF)。
- 创建一个程序段前缀(Program Segment Prefix,PSP),即程序开头处的控制区域。
- 在 PSP 之后读入程序的代码。通过 nblocks 域和 lastsize 域可以计算出代码部分
  的长度。
- 从 relocpos 处开始读取 nreloc 个 FIXUPP 地址项。对于每一个 FIXUPP 地址,
  将它的基地址与程序代码加载的基地址相加,然后再加上偏移量得到一个地址,用这
  个地址找到程序中需要调整的指令,然后将指令中的地址取出,与程序代码的实际加
  载地址相加,再写回到程序中,就完成了一次调整。
- 将栈指针设置为重定位后的 sp,然后跳转到重定位后的 ip 处开始执行程序。

以上就是典型的程序加载过程,其实还会有一些与分段寻址相关的怪异特性。也有一些
情况,程序的不同片段可以用不同的方式进行重定位。在 286 保护模式下(EXE 文件不支
持),虽然可执行文件中的代码段和数据段被加载到系统中各自独立的段,但是由于体系结
构的原因段基址(段号)可能是不连续的。每一个保护模式的可执行程序在靠近文件开头的
位置会有一张表,列出程序需要的全部的段。在运行时,系统会创建一张表,将可执行程序
中的段与系统中实际的段一一对应起来。在进行地址调整时,系统会在这个表中依据逻辑段
号查找到实际的段地址并进行替换,相比于重定位这更类似一个符号绑定的过程。

有一些系统还允许在加载时进行符号解析,第 10 章将再次谈到这个话题。

3.5　符号和重定位

前面我们讨论过的目标文件格式都是可加载的，就是可以加载到内存中并直接运行的目标文件。多数目标文件并不是可加载的，相当一部分目标文件是由编译器或汇编器生成，然后传递给链接器或库管理器的中间文件，它们叫作可链接文件。这些可链接文件比起那些可执行文件来说要复杂得多。由于可执行文件的设计目的是要放在计算机的底层硬件上运行，因此必须要足够简单，但可链接文件的处理属于软件层面，因此可以做很多非常复杂的事情。原则上，一个链接加载器可以在加载程序时完成所有链接器必须完成的工作，但由于效率原因加载器通常都设计的尽可能地简单，以提高程序的启动速度。动态链接技术（我们将在第 10 章介绍）将很多链接器的工作转移到了加载器中，由此会在性能上造成一些损失，但由于现代计算机的速度足够快了，所以采用动态链接技术的利大于弊。

现在我们再来分析 5 种格式：BSD UNIX 系统采用的可重定位的 a.out 格式，System V 使用的 ELF 格式，IBM 360 目标文件格式，32 位 Windows 上使用的扩展的可链接 COFF 格式和 PE 可执行格式，以及 COFF 格式出现之前 Windows 系统上使用的可链接的 OMF 格式。它们的复杂度是依次增加的。

3.6　可重定位的 a.out 格式

UNIX 系统中的可执行文件和可链接文件使用的是同一种目标文件格式，其中可执行文件去掉了那些仅用于链接的段。图 3-2 展示的 a.out 格式中包含了一些仅在链接器中使用的域。代码段和数据段的重定位表的大小分别保存在 a_trsize 和 a_drsize 中，符号表的大小保存在 a_syms 中。这三个段跟在代码段和数据段的后面，如图 3-7 所示。

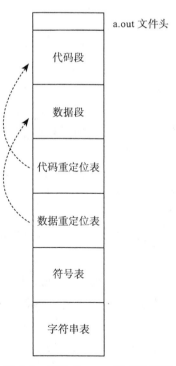

图 3-7　简化的 a.out 格式示意图

3.6.1 重定位项

重定位项有两个功能,分别用在执行时和链接时。当一段代码段被重定位到另一个段基址时,重定位项标识出了这次重定位操作代码中需要被修改的地方。在一个可链接文件中,重定位项用来标注引用未定义符号的位置,这样链接器就知道在最终解析符号时应当修改代码的哪些地方的符号值。

图 3-8 展示了一个重定位项的格式。每一个重定位项包含了一个代码段或数据段中需被重定位的地址,以及需要如何处理的附加信息。其中,地址是需要进行重定位操作的项目到代码段或数据段起始位置的偏移量,长度域用于标识这个需要被重定位修改的项目的字节数,长度的值有 4 种,从 0 到 3,依次对应 1、2、4 或者 8 个字节(8 仅出现在某些特殊的体系结构上)。pcrel 标志表示这是一个"相对 PC(程序计数器)的"重定位项目,如果这个位设置为 1,它会在指令中当作相对地址使用。

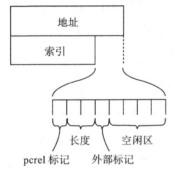

图 3-8　重定位项格式。地址占 4 个字节,索引占 3 个字节,pcrel 占 1 个 bit,长度域占 2 个 bit,外部标志占 1 个 bit,空闲区占 4 个 bit

外部标志域用于控制对索引域的使用方法,确定该重定位项目是对哪个段或符号的引用。如果该标志为 off,那这是一个简单的重定位项目,索引就指明了该项目是基于哪个段(代码段、数据段或 BSS 段)寻址的。如果外部标志为 on,那么这是一个对外部符号的引用,则索引表示的是这个符号在该文件符号表中的序号。

这种重定位格式可以满足多数硬件体系结构的要求,但某些更复杂的架构需要额外的标志位,例如,IBM 370 中使用 3 字节的地址常量,而现在的设计中长度域无法表示,还有SPARC 中的地址常量分成了高、低半地址,设计一次只能描述一个修改位置。

3.6.2 符号和字符串

a.out 文件的最后一个段是符号表。符号表中每个表项的长度为 12 字节,用于描述一个符号,如图 3-9 所示。

UNIX 编译器允许任意长度的标识符,使用到的标识符的名称字符串全部都放在了符号表后面的字符串表中。符号表项的第一个域(名称偏移量)表示的是该符号的名称对应的字符串在字符串表中的偏移量(每一个字符串在字符串表中都是以空字符结尾的)。类型域占 1个字节,其中最低位表示符号的可见性,如果该位被置 1 则表示该符号是外部的(外部的不够准确，应该说该符号是可以被其他模块看到的符号，所以称为全局符号更合适）。非外部符号对于链接而言是没有必要的，但是可能在调试过程中用到。类型域的其余的位用于表示符号类型，以下列出了几种最重要的类型：

- 代码、数据或 BSS：表示这些模块内定义的符号。外部标志位可能置 1 或置 0。这时值表示的是该符号在相应模块内可重定位地址。
- abs：不可重定位的绝对符号（absolute non-relocatable symbol）。除了在调试信息以外，其他的地方很少用到。外部标志位可能置 1 或置 0。值为该符号的绝对地址。
- 未定义（undefined）：在该模块中未定义的符号。外部标志位必须被置 1。值通常为 0，但下面会讲到的公共块技巧中还会有别的用法。

图 3-9　符号表项的格式。名称偏移量占 4 个字节，类型占 1 个字节，空闲区占 1 个字节，
调试信息占 2 个字节，值占 4 个字节

这些符号类型对于诸如 C、Fortran 这样的传统编程语言已经足够了，但对于 C++ 等语言来说就有些捉襟见肘。

作为一种特殊用法，编译器可以使用一个未定义类型的符号来要求链接器预留一块存储空间。如果一个外部符号的值不为 0，则该值是提示链接器程序希望预留的存储空间的大小，可以使用符号指定的名称来访问这块空间。在链接时，若该符号的定义不存在，则链接器根据其名称在 BSS 中创建一块存储空间，空间的大小是所有被链接模块中使用这种方法的该符号尺寸的最大值。如果该符号在某个模块中被定义了，则链接器使用定义的符号而忽略这种特殊的定义方式。这种公共块技巧（common block hack）通常用来实现 Fortran 的模块间共享块和 C 中的未初始化的外部数据（但这并不是标准的方案）。

3.6.3　a.out 格式小结

对于相对简单的分页系统而言，a.out 格式是一种简单而有效的目标文件格式。之所以被淘汰，主要是因为它不能够很容易地支持动态链接。并且，a.out 格式不支持 C++ 语言，因为 C++ 语言对所有的初始化代码和终结代码（构造函数和析构函数部分）都需要特殊的处理，而 a.out 不能提供很好的支持。

3.7　UNIX ELF 格式

传统的 a.out 格式在 UNIX 社区中使用了 10 余年，但是在 UNIX System V 推出时，AT&T 认为需要加入一些更好的特性，以支持交叉编译、动态链接以及其他的现代系统特性。早期的 System V 采用的是 COFF 格式，即通用目标文件格式（Common Object File Format），它最初是为嵌入式系统交叉编译而设计的，在分时系统上的运行效果不够理想，并且其原始版本无法支持 C++ 和动态链接（使用一些额外的扩展后可以支持）。在 System V 的后期版本中，使用 ELF 格式替换了 COFF。ELF 格式名为可执行和链接格式（Executable and Linking Format）。ELF 也在 Linux 系统（一款流行的开源操作系统）和 BSD 系统（UNIX 系统的一个变种）中大量使用。ELF 有一个密切关联的调试格式名为 DWARF，我们将在第 5 章讲到。在这里我们只讨论 32 位的 ELF 格式，扩展到 64 位也很简单，将数据尺寸和地址扩展到 64 位就得到一种简易的 64 位 ELF 格式。

ELF 格式有三个略有不同的类型：可重定位的（relocatable）、可执行的（executable）和共享目标文件（shared object）。可重定位文件由编译器和汇编器创建，但需要链接器处理后才能运行。可执行文件完成了所有的重定位工作和符号解析工作（除了那些可能需要在运行时被解析的共享库符号），共享目标代码就是共享库，其中包含了链接器所需的符号信息以及运行时可以直接执行的代码。

ELF 格式具有双重特性，如图 3-10 所示。编译器、汇编器、链接器都可以处理这个文件格式，在它们看来，ELF 文件的内容主要可以分成两部分，一部分是多种逻辑区段⊖的集合，另一部分是这些区段的索引表（section header table），索引表也会独占一个区段。在系统加载器看来，文件也可以分成两部分，一部分是一系列的段（segment），另一部分是这些段的索引表（program header table）。一个段（segment）通常会由多个区段（section）组成。例如，一个"可加载只读"段可以由可执行代码区段、只读数据区段和动态链接器需要的符号组成。可重定位文件具有区段头表（section header table），可执行程序具有程序头表（program header table），而共享目标文件两者都有。区段（section）是为了便于链接器做后续处理的，而段（segment）是用于运行时映射到内存中的。

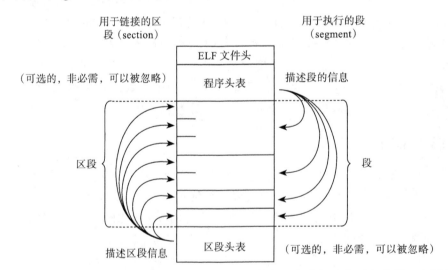

图 3-10 一个 ELF 文件的两种视角。从链接视角和执行视角分析一个 ELF 文件。本图来自
　　　　Intel TIS 文档的图 1-1

⊖ section 和 segment 通常不会同时出现，在使用中也没有明确的界限，在中文中大都表示为段。只有在 ELF 格式中同时使用了这两个概念，其中 section 用于链接时，而 segment 用于加载和运行时，本节中称 section 为区段，segment 为段。——译者注

　　ELF 文件头是 ELF 文件的第一块数据，其结构如图 3-11 所示。文件头的设计考虑了很多细节，即使放在那些字节顺序与文件的目标架构不同的机器上，也可以被正确地解码。前 4 个字节是用来标识 ELF 文件的魔数，接下来的 3 个字节描述了头部其余部分的格式。当程序读取了 class 和 byteorder 标志后，它就知道了文件的字节序和字宽度，就可以进行相应的字节顺序和数据宽度的转换。其他的域描述了区段头或程序头的大小和位置（如果它们存在的话）。

```
char magic[4] = "\177ELF";    // 魔数
char class;                    // 地址宽度，1 = 32 位，2 = 64 位
char byteorder;                // 字节序，1 = little-endian，2 = big-endian
char hversion;                 // 文件头版本，总是 1
char pad[9];                   // 填充字节
short filetype;                // 文件类型：1 = 可重定位，2 = 可执行，
                               // 3 = 共享目标文件，4 = 转储镜像（core image）
short archtype;                // 架构类型，2 = SPARC，3 = x86，4 = 68K，等等．
int fversion;                  // 文件版本，总是 1
int entry;                     // 入口地址（若为可执行文件）
int phdrpos;                   // 程序头在文件中的位置（不存在则为 0）
int shdrpos;                   // 区段头在文件中的位置（不存在则为 0）
int flags;                     // 体系结构相关的标志，总是 0
short hdrsize;                 // 该 ELF 头部的大小
short phdrent;                 // 程序头表项的大小
short phdrcnt;                 // 程序头表项个数（不存在则为 0）
short shdrent;                 // 区段头表项的大小
short shdrcnt;                 // 区段头表项的个数（不存在则为 0）
short strsec;                  // 保存区段名称字符串的区段的序号
```

图 3-11　ELF 头部

3.7.1　可重定位文件

　　一个可重定位文件（relocatable file）也被叫作共享目标文件（shared object file，即 Linux 系统中常见的 .so 文件）可以看成是一系列区段的集合，每一个区段还配有相应的描述信息写在区段头（section header）中，区段表中记录各个区段头的描述信息。图 3-12 展示了一个区段头的格式。每个区段只能包含一种类型的信息，类型可以是程序代码、只读数据、可读写数据、重定位项或符号。其中，符号是按照相对于某个区段起始位置而定义的相对地址，因此，如果一个符号表示某个过程（procedure），那么它的定义中需要指明这个过程所在的程序代码区段编号，同时还要标明这个过程的入口点在该区段中的相对地址。在文件中使用区段头定义的区段外，符号定义时还可以使用两个虚拟区段：SHN_ABS（区段编号为 0xfff1）和 SHN_COMMON（区段编号为 0xfff2）。如果一个符号指定自己的区段是 SHN_ABS，则这个符号描述的是不可重定位的绝对地址。如果一个符号指令自己的区段号是 SHN_COMMON，则这个符号是全局的公共符号，这是从 a.out 格式中的公共块（common block）技术继承下来的。区段编号为 0 的段是一个空段，与之对应的区段表项也为全零。

```
int sh_name;      // 名称。区段名称是一个字符串，这里存储的是名称字符串在
                  // 字串表中的索引
int sh_type;      // 区段类型
int sh_flags;     // 标志位，后文会详细解释
int sh_addr;      // 若该区段可加载，则为被加载的内存基址，否则为 0
int sh_offset;    // 区段起始点在文件中的位置
int sh_size;      // 区段大小（字节为单位）
int sh_link;      // 保存关联信息的区段号，若没有则为 0
int sh_info;      // 一些区段相关的信息
int sh_align;     // 移动区段时的对齐粒度
int sh_entsize;   // 若该区段是一张表，表示每一个表项的大小
```

图 3-12   区段头部（section header）

区段类型包括：

- PROGBITS：程序内容，用于保存代码、数据和调试器信息。

- NOBITS：类似于 PROGBITS，也是程序运行需要的信息，但在文件中并没有分配空间。用于描述 BSS 数据，在程序加载时分配空间。

- SYMTAB 和 DYNSYM：符号表，后面会有更加详细的描述。SYMTAB 包含了普通链接器可能会用到的所有的符号，DYNSYM 仅包含那些用于动态链接的符号（动态链接表需要在运行时被加载到内存中，因此要让它尽可能小）。

- STRTAB：字符串表，与 a.out 文件中的字符串表类似。与 a.out 文件不同的是，ELF文件常常按照不同用途创建不同的字符串表，例如段名表、普通符号名表和动态链接符号名表等。

- REL 和 RELA：重定位信息[注]。当使用 REL 类型的区段时，在重定位的过程中会按照每一个项的描述找到代码和数据中需要重定位的值，将其基地址与重定位地址相加就可以完成重定位操作。而使用 RELA 类型的区段时，每个重定位项中还包含了该地址的基地址，因此重定位时需要将基地址也加入重定位操作中[注]。由于历史原因，x86 目标文件使用 REL 类型的重定位区段，68k 使用 RELA 类型。每种体系结构下都有多种重定位类型，与 a.out 格式中使用的重定位类型相似，这些类型也正是从 a.out 格式中继承而来的。

- DYNAMIC 和 HASH：动态链接信息和运行时符号哈希表。

每一个区段都有 3 个标志位用于标识其权限：ALLOC 表示程序加载时需要为该区段分配内存空间；WRITE 意味着该区段被加载后是可写的；EXECINSTR 表示该区段包含可执行的机器代码。

一个典型的可重定位可执行程序会有十多个区段，这些区段都会由链接器根据需要做出处理。链接器会根据区段的名称来选择它所支持的区段类型，并进行特定的处理；对于那些它不支持的区段，会根据标志位来决定将这些区段忽略或原封不动地传递下去。

常见的区段名称包括以下几种：

⊖ 重定位信息段中会描述很多个重定位的项，每一个项用于表示在动态链接的过程中需要调整地址的点，通常一个重定位项需要表示出所在的区段号、重定位点在区段号中的位置、重定位操作的类型等信息。——译者注

⊖ REL 类型的重定位项比 RELA 的重定位项少了一个成员变量 r_addend，这个成员变量用于存储该重定位项的基地址。——译者注

- .text 是具有 ALLOC 和 EXECINSTR 属性的 PROGBITS 类型区段。相当于 a.out 的代码段。

- .data 是具有 ALLOC 和 WRITE 属性的 PROGBITS 类型区段。相当于 a.out 的数据段。

- .rodata 是具有 ALLOC 属性的 PROGBITS 类型区段。这个区段中保存的是只读数据，因此没有 WRITE 属性。

- .bss 是具有 ALLOC 和 WRITE 属性的 NOBITS 类型区段。BSS 区段在文件中没有分配空间，因此是 NOBITS 类型，但由于会在运行时分配空间，所以具有 ALLOC 属性。

- .rel.text、.rel.data 和 .rel.rodata 每个都是 REL 或 RELA 类型区段，用于存储对应代码或数据区段的重定位信息。

- .init 和 .fini，都是具有 ALLOC 和 EXECINSTR 属性的 PROGBITS 类型区段。与 .text 区段相似，但分别为程序启动和终结时执行的代码。C 和 Fortran 不需要这个区段，但是对于 C++ 语言来说是必须的。这个区段通常用来存储全局数据的构造函数和析构函数的相关代码。

- .symtab 和 .dynsym 分别是 SYMTAB 和 DYNSYM 类型的区段，对应为普通的符号表和动态链接器的符号表。动态链接器符号表具有 ALLOC 属性，因为它需要在运行时被加载。

- .strtab 和 .dynstr 都是 STRTAB 类型的区段，是用来保存字符串的表，表中可能是符号表中各项的名称，也可能是段表中各项的名称。.dynstr 区段保存动态链接器使用的符号表字符串，需要在运行时被加载所以具有 ALLOC 属性。

此外还有一些特殊的区段。.got 区段是全局偏移量表（Global Offset Table），.plt 区段是过程链接表（Procedure Linkage Table），这两个表用于动态链接，将在第 10 章中涉及。.debug 区段包含调试器所需的符号，.line 区段也是用于调试器的，它保存了从源代码的行号到目标代码位置的映射关系。.comment 区段包含着文档字符串，通常是版本控制中的版本序号。

还有一个特殊的区段类型 .interp，它包含解释器程序的名称。如果这个区段存在，系统不会直接运行这个程序，而是会运行对应的解释器程序并将该 ELF 文件作为参数传递给解释器。UNIX 上多年以来都在使用的自运行文本文件格式，只需要在文件的第一行加上以下代码以指定所需的解释器：

```
#!/path/to/interpreter
```

ELF 扩展了这种功能，对于非文本文件也可以指定对应的解释器来实现解释执行。实际使用中，这个功能被用来调用运行时动态链接器以加载程序并将需要的共享库链接进来。

ELF 的符号表与 a.out 的符号表相似，表中包含一系列的符号表项，其中每一项的结构如图 3-13 所示。

ELF 的符号表项中增加了少许新的成员变量。size 指明了数据对象的大小（主要用于支持未定义的 BSS，这是一个公共块的使用技巧），一个符号的绑定可以是局部的（仅模块内可见）、全局的（所有地方均可见）、或者是弱符号。弱符号是半个全局符号：如果存在一个对未定义的弱符号的有效定义，则链接器采用该值，否则符号值缺省为 0。

```
int name;        // 名称字符串在字符串表中的位置
int value;       // 符号值，在可重定位文件中是在区段中的相对地址，
                 // 在可执行文件中是绝对地址
int size;        // 对象或函数的大小
char type:4;     // 符号类型：数据对象、函数、区段或特殊文件
char bind:4;     // 符号绑定类型：局部、全局或弱符号
char other;      // 空闲
short sect;      // 区段号、ABS、COMMON 或 UNDEF 等预设值
```

图 3-13　ELF 符号表的表项

符号的类型通常是数据或者函数。每一个区段也会有一个区段符号，这个符号的名称通常都是使用该区段本身的名称。这一设计主要是为了便于重定位项的描述，ELF 的重定位项中都是相对于符号来计算相对地址的，因此就需要将区段也定义成符号，以方便重定位项来指明自己所在的区段。文件入口点符号项（类型为 STT_FILE）是一个伪符号，用于描述该文件对应的源代码文件的名称。

区段号用来标明该符号定义所在的段，例如函数入口点符号都是相对于 .text 段定义的。这里还可以看到三个特殊的伪区段，UNDEF 用于表示未定义符号，ABS 用于不可重定位绝对符号，COMMON 用于尚未分配的公共块（COMMON 符号中的 value 域标明了所需的对齐粒度，size 域提供了尺寸最小值。一旦被链接器分配空间后，COMMON 符号就会被转移到 .bss 区段中）。

图 3-14 中展示了一个典型的完整的 ELF 文件的格式，其中包含代码、数据、重定位信息、链接器符号和调试器符号等若干区段。如果该文件是一个 C++ 程序，那可能还包含 .init、.fini、.rel.init 和 .rel.fini 等区段。

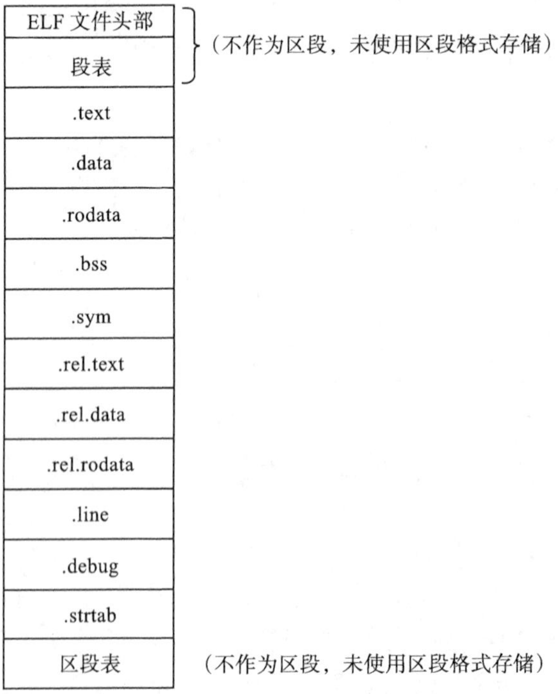

图 3-14　可重定位 ELF 文件示例

3.7.2 ELF 可执行文件

ELF 可执行文件与可重定位 ELF 文件的格式大体相同，只是对数据部分进行了调整以使得文件可以被映射到内存中并运行。在可执行 ELF 文件中，在 ELF 头部后面还会有一个程序头（program header）。程序头中定义了要被映射进内存中的段。实际上，程序头中包含的是一系列由段描述符组成的数组，其构成如图 3-15 所示。

```
int type;        // 类型：可加载代码或数据、动态链接信息等
int offset;      // 段在文件中的偏移量
int virtaddr;    // 段映射段的虚拟地址
int physaddr;    // 段映射的物理地址，未使用
int filesize;    // 段在文件中占据的字节数
int memsize;     // 段在内存中占据的大小（如果包含 BSS 的话，会比 filesize 大一些）
int flags;       // 读、写、执行标志位
int align;       // 对齐要求，根据硬件页尺大小不同有变动
```

图 3-15　ELF 程序头中包含的段描述符结构

一个可执行程序通常只有少数几种段，如存放代码和只读数据的只读段、存储可读写数据的可读写段。所有的可加载区段都归并到对应类型的段中，以便系统可以通过一两次映射操作就可以完成文件映射。

ELF 格式文件进一步扩展了 a.out 格式中使用的"文件头部放入地址空间"和 QMAGIC 的技巧，以使得可执行文件尽可能地紧凑，相应付出的代价就是地址空间显得凌乱了些。一个段的起始位置和结束位置可以位于文件中的任何偏移量处，但是段在虚拟地址空间中的起始地址必须和文件中的起始偏移量具有低位地址模对齐的关系，即，必须起始于页内的相同偏移量处。系统必须将文件中段起始位置所在页到段结束所在页之间整个的范围都映射进来，哪怕在逻辑上被映射的第一页和最后一页中该段只使用了一部分[⊖]。图 3-16 展示了一个段被加载进内存时的内存布局。

	文件偏移量	加载地址	类型
ELF 头部	0	0x8000000	
程序头部	0x40	0x8000040	
只读代码	0x100	0x8000100	可加载、可读 / 可执行
（尺寸为 0x4500）			
可读 / 写数据	0x4600	0x8005600	可加载、可读 / 可写 / 可执行
（文件中尺寸为 0x2200，内存中尺寸为 0x3500）			
不可加载信息和可选的区段头部			

图 3-16　ELF 可加载段

被映射的代码段包括 ELF 头部、程序头部和只读代码，这样 ELF 头部和程序头都会在代码段开头的同一页中。文件中的可读写数据段紧跟在代码段的后面。文件中的这一页会同时被映射为内存中代码段的最后一页和数据段的第一页（以 copy-on-write 的方式）。假设计算机的页大小为 4K，那么在内存中可执行文件中代码段结束于 0x80045ff，数据段起

[⊖]　这样页对齐操作的好处是不必再通过算术计算来完成地址转换，页对齐的地址转换是可以借助页表和 MMU 自动实现的。——译者注

始于 0x8005600。文件中的这一页（即同时存有文本和数据段的页）在内存 0x8004000 处被映射为代码段的最后一页（头 0x600 个字节包含文件的代码段中 0x4000 到 0x45ff 之间的内容），并在 0x8005000 处被映射为数据段（这一页中 0x600 以后的部分包含文件的数据段从 0x5600 到 0x56ff 的内容）。

BSS 段在逻辑上也是跟在数据段的可读写区段后，在本例中长度为 0x1300 字节，即文件中尺寸与内存中尺寸的差值。这里可以看到，这 0x1300 个字节中包含了映射数据段时从文件中映射进来的页面的部分内容，但是这并不会造成错误。在随后操作系统将 BSS 段清零时，写时复制（copy-on-write）机制会为该段创建一个私有的副本。

如果文件中包含 .init 或 .fini 区段，这些区段会成为只读代码段的一部分，并且链接器会在程序入口点处插入代码，使得在调用主程序之前会调用 .init 段的代码，并在主程序返回后调用 .fini 区段的代码。

ELF 共享目标文件包含了可重定位文件和可执行文件的所有东西。它在文件的开始保存了程序头、随后是可加载段的各区段、以及动态链接信息。在构成可加载段的各区段之后的，是重定位符号表和链接器在根据共享目标创建可执行程序时需要的其他信息，最后是区段表。

3.7.3　ELF 格式小结

ELF 是一种较为复杂的格式，但它的使用效果非常好。它既是一个足够灵活的格式（可以支持 C++），同时又是一种高效的可执行格式（支持动态链接和虚拟内存系统）。它可以很方便地将可执行程序的页直接映射到程序的地址空间。它还支持交叉编译和链接，在 ELF 文件内包含了足以识别目标体系结构和字节序的信息，因此可以在一个平台上为另一个平台编译和链接程序。

3.8　IBM 360 目标文件格式

IBM360 系统上使用的目标文件格式是在 20 世纪 60 年代设计的，但一直沿用至今。它最初是为了打孔卡片设计的（设计之初支持的是 80 列宽的纸片），后来也能够适配于现代的磁盘文件系统中。每个目标文件包含一系列的控制区段（control section, csect）。每一个控制区段是一个独立的、可重定位的代码块或数据块。可以为控制区段命名，但命名不是必须的。通常情况下，一个源代码的例程（函数）会被编译到一个 csect 中，也可能会将代码编入一个 csect，数据编入另一个 csect。如果一个控制区段有名称的话，它可以被用作符号，用于寻址该控制区段的起始地址；除此之外，目标文件格式中还可能有其他类型的符号，包括在控制区段内定义的符号、未定义的外部符号、公共块和其他一些不常见的类型。每一个在目标文件中定义或使用的符号都有一个标识符，称之为外部符号标识符（External Symbol ID, ESID）。ESID 通常是一个不大的整数。目标文件由一系列长度为 80 字节的记录组成，每一个记录的格式都是相同的，如图 3-17 所示。每一个记录的第 1 个字节均为 0x02，它表示该记录是目标文件的一部分（起始字节为空格的记录会被当作链接器的命令来对待）。第 2 个到第 4 个字节是记录的类型，程序代码或文字型常量的类型为 TXT，外部符号目录（用于描述符号和 ESID)的类型为 ESD,重定位目录的类型为 RLD,最后一个记录的类型为 END (在最后一个记录中同时也描述了程序的起始点)。接下来第 5 个字节到第 72 个字节的内容是由记录类型决定的。第 73 到 80 字节被忽略,在实际应用中,它们用于表示打孔卡上片的序号。

一个目标文件由若干个 ESD 类型的记录开始(用于定义控制区段(csect)和所有的符号),然后依次是 TXT 类型的记录,RLD 类型的记录和 END 类型的记录。这些记录的顺序可以灵活地安排,并没有强制的要求。可以用多个 TXT 记录描述同一个位置的内容,而系统只会采用最后出现的那个记录。这使得修改程序时,可以在卡片盒子的最后追加几个打孔卡片作为"补丁",而不是重新汇编或编译。实际上,早期的程序员经常用到这个功能,因为打孔的工作并不轻松。

```
char flag = 0x2;
char rtype[3];       // 3 个字符用于表示记录的类型
char data[68];       // 数据区,不同的类型有不同的格式
char seq[8];         // 忽略,通常是卡片的序号
```

图 3-17 IBM 目标文件格式中使用的记录格式

3.8.1 ESD 记录

每个文件都是以 ESD 记录开始的,如图 3-18 所示。ESD 记录中定义了文件中使用的控制区段和符号,并为它们分配 ESID。

```
char flag = 0x2;          //第 1 个字节
char rtype[3] = "ESD";    //第 2~4 字节,这 3 个字用于表示类型
char pad1[6];             //占位
short nbytes;             //第 11~12 字节,第 17~64 字节中使用的字节数:16、32 或 48
char pad2[2];             //占位
short esid;               //第 15~16 字节,第一个符号的 ESID
{                         //第 17~72 字节,至多可以放 3 个符号
  char name[8];           //符号名,不足 8 个字符以空格补齐
  char type;              //符号类型
  char base[3];           // csect 起始地址或标签偏移量
  char bits;              //属性位
  char len[3];            // 目标长度或 csect 的 ESID
}
```

图 3-18 ESD 格式

每条记录可定义 3 个符号,它们的 ESID 是连续的,每个符号至多用 8 个 EBCDIC 字符表示[⊖]。符号的类型有:

- SD 和 PC:区段定义(Section Definition)和私有代码(Private Code)。这类符号表示了一个控制区段,此时 base 中存储的是该控制区段起始地址的值,该地址为逻辑地址,通常为 0,此时 len 中存储的就是这个 csect 本身的长度。bits 中用于指明该 csect 的寻址方式,是否使用 24 位或者 31 位程序寻址、是否需要加载到 24 位或 31 位地址

⊖ Extended Binary Coded Decimal Interchange Code,EBCDIC,是 IBM 于 1963 ~ 1964 年推出的字符编码表,根据早期打孔机式的二进化十进数(Binary Coded Decimal,BCD)排列而成。——译者注

空间。PC 表示的控制区段名字是空白的，而 SD 表示的控制区段是需要有名字的；控制区段的名字在程序中必须是唯一的，但可以存在多个未命名的 PC 区段。

- LD：标签定义（Label Definition）。此时 base 中存储的是标签在所属控制区段中的偏移量，len 为该控制段的 ESID。不使用属性位 bits 信息。
- CM：公共块（Common Block）。此时 len 就是该公共块的长度，其他变量会被忽略。
- ER 和 WX：外部引用（External Reference）和弱外部（Weak External）。这两类符号均表示其他地方定义的符号。链接器会对一个未在程序中其他地方定义的 ER 类符号报告一个错误，但对 WX 类符号而言这不是错误。
- PR：伪寄存器（Pseudo Register）。该类符号表示一个在链接时定义，但由加载时分配的小型存储区域。bits 用于表示对内存地址对齐的要求（1~8 字节），len 就是这段区域的大小。

3.8.2 TXT 记录

TXT 记录的结构如图 3-19 所示，其中包含了程序代码和数据。每个 TXT 记录会占用一个控制段中连续的 56 个字节。

```
char flag = 0x2;            // 第 1 字节
char rtype[3] = "TXT";      // 第 2~4 字节，这 3 个字节用于表示类型
char pad;                   // 占位
char loc[3];                // 第 6~8 字节，代码在 csect 中的相对地址
char pad[2];                // 占位
short nbytes;               // 第 11~12 字节，第 17~72 字节中使用的字节数
char pad[2];                // 占位
short esid;                 // 第 15~16 字节，该控制区段 ESID
char text[56];              // 第 17~72 字节，TXT 记录的数据（即代码或数据）
```

图 3-19　TXT 记录格式

3.8.3 RLD 记录

RLD 记录的结构如图 3-20 所示，其中包含了一系列的重定位项。

```
char flag = 0x2;          // 第 1 字节
char rtype[3] = "RLD";    // 第 2~4 字节，这 3 个字节是表示类型的字符串
char pad[6];              // 占位
short nbytes;             // 第 11~12 字节，第 17~64 字节中使用的字节数
char pad[4];             // 占位
{                        // 字节 17~72，若干个重定位项，每一个占 4 字节或 8 字节
  short t_esid;          // 目标（target）的 ESID，即被引用的 csect 或 symbol 的 ESID，
                         // 用作 CXD⊖ 时为 0（也可以是 PR 定义的总尺寸）
  short p_esid;          // 指针（pointer）所在控制区段的 ESID
  char flags;            // 引用的类型和尺寸
  char addr[3];          // 相对于控制区段的引用地址
}
```

图 3-20　RLD 格式

⊖ CXD 的全称是 Cumulative External Dummy，是链接过程中的一种特殊占位符，后面的章节会用到。——译者注

每一个重定位项都有目标（target）域和指针（pointer）域，分别是对应的 ESID，一个字节的标志字（flag）和指针在控制区段中的相对地址 addr。flags 中包含了引用的类型（代码、数据、PR 或 CXD 占位符）以及相应的长度（可以是 1 ~ 4 个字节），用一个符号位指明了重定位计算时是加上还是减去重定位地址，此外还有一个"相同（same）"位。如果"same"位被置位，则下一个重定位项会忽略自己的 target 和 pointer 两个 ESID，采用与当前项相同的值。

3.8.4 END 记录

图 3-21 所示为 END 记录的结构，其中给出了程序的起始地址，它要么是某个控制区段内的地址，或者是某个外部符号的 ESID。

```
char flag = 0x2;          //第 1 字节
char rtype[3] = "END";    //第 2~4 字节，这 3 个字母是用于表示类型的字符串
char pad;                 //占位
char loc[3];              //第 6~8 字节，相对于控制区段的起始地址，如果起始地址
                          //是个符号的话，这个值为 0
char pad[6];              //占位
short esid;               //字节 15~16，控制区段或符号的 ESID
```

图 3-21   END 格式

3.8.5 小结

尽管 80 列的记录模式已经相当过时了，但是 IBM 360 的这种目标文件格式因为其简单和灵活的出色设计，延长了它的生命。即使非常小的链接器和加载器也可以处理这种格式。在 IBM 360 系统的某一个型号上，作者曾经使用过一个极其简单的加载器，这个加载器自身可以整个容纳在一张 80 列打孔卡上，并且能够加载程序，解析 TXT 和 END 记录，但它忽略了其他内容。

这一文件格式移植到磁盘系统后进行了一定的调整，有的文件仍以打孔卡镜像的方式存储目标文件，而有的系统则使用该格式的一个变种（变种格式中仍采用相同的记录类型，但每个记录的容量会大得多，且不再使用序列号）。在 DOS（IBM 为 360 开发的一种轻量级操作系统）上的链接器会输出一种简化的目标文件格式，它只有一个有效的控制区段，它没有 ESID，并且使用裁剪过的 RLD 记录。

在目标文件中，独立命名的控制区段可以让程序员或链接器按自己的要求来组织程序中的模块，例如将所有的代码控制区段都放在一起。与那些现代化的格式相比，这种格式相对陈旧的地方表现在符号的最大长度限制为 8 个字节，控制区段中没有类型标识信息等。

3.9   微软的可移植可执行文件格式

微软 Windows NT 系统的可执行文件格式（Portable Executable format, PE）非常混杂，继承了 MSDOS 和 Windows 早期版本、Digital VAXVMS（当时使用范围很广的一个平台）、UNIX System V（另一个广泛使用的平台）等多个平台的可执行格式的特性。NT 的格式是从 COFF（UNIX 在 a.out 之后、ELF 之前使用的一种文件格式）继承而来的。接下来我们将会

分析 PE 格式，微软版本的 COFF 格式，以及它们的区别。

Windows 最初是在低速处理器、有限内存容量、没有硬件分页的低端环境中开发的，所以在共享库的设计时总是要强调节省内存，并采用特定技巧来提升性能，某些技巧也出现在了 PE/COFF 的设计中。多数 Windows 可执行程序包含很多"资源"，这里的资源是一个通用的代名词，它可以指代程序和 GUI 之间共享的对象，诸如光标、图标、位图、菜单、字体等。PE 格式的文件中会包含一个资源目录（文件夹），用于保存该文件中的程序代码使用到的所有资源。

PE 可执行文件是专为分页系统设计的，因此 PE 文件中的程序和数据是以页为单位存储的，通常可以直接被映射到内存中并运行，这与 ELF 可执行文件很相似。使用 PE 格式文件可以是扩展名为 EXE 的程序，也可以是扩展名为 DLL 的共享库。这两种文件的格式基本是相同的，PE 文件格式中用一个状态位来标识这个文件属于哪一类。除此之外，这两类文件并没有明显的差异。文件中都会包含一个导出列表，用于描述可供其他 PE 文件（两个文件被加载到相同地址空间中）使用的函数和数据，以及一个导入列表，用于描述在加载时需要从其他 PE 文件处解析的函数和数据。与 ELF 段类似，每个文件都包含一系列的基本数据块，这数据块曾经被称为区段（section）、段（segment）和对象（object），这里，我们将称之为区段，这也是微软最终所使用的名词。

如图 3-22 所示，一个 PE 文件的头部是一个简易的 DOS EXE 文件，用于打印类似"This program needs Microsoft Windows."的消息。（微软在这种向后兼容细节设计上投入了相当多的精力，这是非常值得称道的）。在 EXE 文件头的尾部，使用一个先前未使用过的成员变量指向了 PE 的识别符。紧跟在识别符后面的是 PE 文件的头，这其中包含有一个 COFF 区段和一个"可选"文件头（虽然名称是可选的，实际上在所有 PE 文件中都存在），再后面是一个区段头部的列表。区段头中描述了文件内不同种类的区段。COFF 目标文件以 COFF 头部开始，没有可选文件头部分。

| DOS 头部（仅在 PE 格式中存在） |
| DOS 程序部分（仅在 PE 格式中存在） |
| PE 标识符（仅在 PE 格式中存在） |
| COFF 头部 |
| 可选文件头（仅在 PE 格式中存在） |
| 区段表 |
| 若干个可映射区段（区段表中存的是指向这些区段的索引信息） |
| COFF 行号、符号和调试信息（在 PE 文件中可选） |

图 3-22　微软 PE 文件格式和 COFF 文件格式

图 3-23 显示了 PE、COFF 和可选文件头。COFF 头部描述了文件的内容，其中最重要的内容是区段表中的表项数目。可选头部中包含指向文件中若干个最常用区段的指针。这里的地址都是相对于程序被加载到内存中位置的偏移量，也被称为相对虚拟地址（Relative

Virtual Address, RVA）。

```
PE 标识符
char signature[4] = "PE\0\0";                  // 魔数，同时这个字符串也能表征字节序⊖
COFF 头部

unsigned short Machine;                        // 本程序指定的 CPU，如用 0x14C 为 80386，等等
unsigned short NumberOfSections;               // 区段数，无则为零
unsigned long  TimeDateStamp;                  // 创建时间，无则为零
unsigned long  PointerToSymbolTable;           // COFF 格式中符号表在文件内的偏移量，若无则为零
unsigned long  NumberOfSymbols;                // COFF 符号表中表项数目，若无则为零
unsigned short SizeOfOptionalHeader;           // 随后的可选文件头的字节数
unsigned short Characteristics;                // 文件特征，0x02 表示可执行文件，0x200 为不可
                                               // 重定位文件，0x2000 为动态链接库 DLL


Pe 头部后面的可选头部，在 COFF 目标文件中没有

//COFF 域
unsigned short Magic;                          // 八进制的 413，由 a.out 的 ZMAGIC 而来
unsigned char  MajorLinkerVersion;
unsigned char  MinorLinkerVersion;
unsigned long  SizeOfCode;                     //.text 段的大小
unsigned long  SizeOfInitializedData;          //.data 段的大小
unsigned long  SizeOfUninitializedData;        //.bss 段的尺寸
unsigned long  AddressOfEntryPoint;            // 入口点的相对虚拟地址（RVA）
unsigned long  BaseOfCode;                     //.text 段的相对虚拟地址（RVA）
unsigned long  BaseOfData;                     //.data 段的相对虚拟地址（RVA）

// 附加域
unsigned long  ImageBase;                      // 用于映射文件的起始虚拟地址
unsigned long  SectionAlignment;               // 区段对齐单位的字节数，典型值的是 4096 或 64K
unsigned long  FileAlignment;                  // 文件对齐单位的字节数，典型是 512
unsigned short MajorOperatingSystemVersion;
unsigned short MinorOperatingSystemVersion;
unsigned short MajorImageVersion;
unsigned short MinorImageVersion;
unsigned short MajorSubsystemVersion;
unsigned short MinorSubsystemVersion;
unsigned long  Reserved1;
unsigned long  SizeOfImage;                    // 可映射镜像的字节数总和，按照 Section-
                                               // Alignment 的值补齐
unsigned long  SizeOfHeaders;                  // 整个区段表中文件头的字节数总和
unsigned long  CheckSum;                       // 通常为 0
unsigned short Subsystem;                      // 该程序所需运行系统环境：1 为 Native，2 为
                                               // Windows 图形用户界面，3 为不带图形界面的
                                               // Windows，5 为 OS/2，7 为 POSIX
unsigned short DllCharacteristics;             // 标识何时调用初始化例程（这一功能正逐渐被废弃）：
                                               // 1 为进程启动时，2 为进程结束时，4 为线程启动时，
                                               // 8 为线程结束时
unsigned long SizeOfStackReserve;              // 预留栈大小
unsigned long SizeOfStackCommit;               // 初始化时分配的栈大小
unsigned long SizeOfHeapReserve;               // 预留堆大小
unsigned long SizeOfHeapCommit;                // 初始化时分配的堆大小
unsigned long LoaderFlags;                     // 已弃用
unsigned long NumberOfRvaAndSizes;             // 随后会列出若干个可映射的数据目录项，
                                               // 这里表示的是目录项的个数
```

图 3-23 PE 和 COFF 头部

⊖ 从 PE 这几个字节的存储状态中加载器系统可以推测出当前系统的字节序。——译者注

```
// 下面的数据结构会重复出现，为每一个数据目录项创建一个这样的数据结构
{
  unsigned long VirtualAddress;        // 目录的相对虚拟地址
  unsigned long Size;
}
这些目录依次为：
1. 导出目录 (Export Directory)
2. 导入目录 (Import Directory)
3. 资源目录 (Resource Directory)
4. 例外目录 (Exception Directory)
5. 安全目录 (Security Directory)
6. 基地址重定位表 (Base Relocation Table)
7. 调试目录 (Debug Directory)
8. 镜像描述字串 (Image Description String)
9. 机器特定数据 (Machine Specific Data)
10. 线程本地存储目录 (Thread Local Storage Directory)
11. 加载配置目录 (Load Configuration Directory)
```

图 3-23　（续）

　　PE 文件在用链接器创建时充分考虑了使用的场景，使得文件内容被系统加载和映射到内存的过程尽可能简单。在存储时，每一个区段的大小都以物理磁盘块大小对齐（对齐大小由 FileaAlign 域指定，有时会选用大于磁盘块大小的值，但一般会是磁盘块的整数倍）；在逻辑地址排布上，与内存页的边界对齐（x86 上为 4096）。链接器会为 PE 文件指定一个加载地址（ImageBase 域），用于映射加载文件的内容。在加载时，如果这一指定的地址所在的地址空间区域是有效的（绝大多数情况下都是有效的），就不需要进行加载时的调整了。在少数情况下，例如在老版本的 win32 兼容系统中，会出现目标地址不可用的情况，则加载器必须将文件映射到其他地方。这种情况下，文件必须在 .reloc 区段中包含重定位调整信息，以告诉加载器要修改什么。这个问题在共享的动态链接库（DLL）中也会出现，这是因为 DLL 被加载映射的地址会依赖于程序运行时地址空间当时实际的使用情况[一]。

　　在 PE 文件头后面是区段表。区段表可以认为是一个数组，其中的每一项的数据结构如图 3-24 所示。

```
// 区段表是一个数组，其中每一项的表项如下所示
unsigned char Name[8];            // 区段名，是一个 ASCII 编码的字符串
unsigned long VirtualSize;        // 映射到内存中的大小
unsigned long VirtualAddress;     // 内存地址（相对于 ImageBase 的地址，RVA）
unsigned long SizeOfRawData;      // 区段对应数据的大小，按照文件对齐要求，是 FileAlign 域的倍数
unsigned long PointerToRawData;   // 区段对应数据在文件中的偏移量
// 接下来的 4 项在 COFF 文件中一定会存在，在 PE 文件中可能存在，也可能是 0
unsigned long  PointerToRelocations;  // 重定位项在文件中的偏移量
unsigned long  PointerToLinenumbers;  // 行号项在文件中的偏移量[二]
unsigned short NumberOfRelocations;   // 重定位项的个数
unsigned short NumberOfLinenumbers;   // 行号项的个数
unsigned long  Characteristics;       // 特性，0x20 为文本，0x40 为数据，
                                      // 0x80 为 BSS，0x200 为不加载，
//0x800 为不链接，0x10000000 为共享的，0x20000000 为可执行，
//0x40000000 为可读，0x80000000 为可写
```

图 3-24　区段表

每个区段都有文件地址（PointerToRawData）、数据大小（SizeOfRawData）、以及内存地址（VirtualAddress）、内存大小（VirtualSize）。但是，这两个尺寸值不一定总是相同的。处理器的页尺寸经常会比磁盘块尺寸大，通常页大小为 4K，磁盘块为 512 字节，如果一个区段中剩余的内容不足一页，虽然在内存中仍会占一页，但所空缺的内容不再分配磁盘块，这样可以节省少量的磁盘空间⊖。每个区段都会有权限标识，这些标识会与页面管理时的硬件权限相对应，例如代码区段会标识为可读 + 可执行，而数据区段则标识为可读 + 可写。

3.9.1 PE 特有区段

与 UNIX 可执行程序，PE 文件中也包含 .text、.data 和 .bss 区段，这些区段的名称也和 UNIX 可执行程序基本保持一致。除此之外，还包含有很多 Windows 特有的区段。

- 导出区段：这是一个符号列表，表示的是在当前模块中定义并对其他模块可见的符号。可执行程序通常不导出符号，仅在调试时会导出少数符号。动态链接库（DLL）则会导出符号用以标识为它们所提供的例程和数据。导出的符号可以直接通过符号名来引用，为了保持 Windows 节省空间的传统，这些符号也可以使用一个整数直接引用，称为导出序号（export ordinal）。导出区段中包含一个由被导出符号的相对虚拟地址（RVA）组成的数组，同时，它还包含两个用于标识导出符号的数组，一个是符号名称数组，其中每一项是存储符号名称 ASCII 字符串的相对虚拟地址，另一个是符号的导出序号数组，其中每一项都是一个整数。这两个数组都按照符号的字符串名称进行排序，也就是说，这三个数组中的内容是一一对应的，同一个下标对应的表项描述的是同一个符号元素。如果要通过名称来查找一个符号，首先要在符号名表中进行折半查找，并根据发现的名称查找对应于序号表中的表项，然后用这个序号来索引符号相对虚拟地址 RVA 的数组⊜。有的情况下，导出符的 RVA 可能会指向一个特殊的字符串，用于表示这个符号实际上存放于另外一个库文件中，此时的导出区段实际上扮演了转发者的角色。

- 导入区段：导出表列出了所有需要在加载时需要从 DLL 中进行解析的符号。链接器会预先确定符号可以在哪些 DLL 中被找到，因此导入表的开始首先是导入目录，每个目录项对应一个被引用的 DLL。每个目录项中都包含有 DLL 的名称，同时包含两个数组，一个用于标识所需的符号，另一个则用于标识在镜像文件中存储符号值的位置。其中，标识符号的数组中，可以使用符号的序号，也可以使用符号名称字符串的指针，同时会在后面附上一个符号的猜测序号，以提高查找的速度。使用表项的最高位区分这两种情况，若高位被置位，则表示的是序号，否则是指针。第二个数组中保存了符号值的存储位置⊜；如果该符号是一个过程，那么链接器会调整代码中对这个过

⊖ 磁盘空间按磁盘块分配，因此内容按 512 字节对齐，如果内容不足一页，就可不必分配 8 个磁盘块的，但这些内容仍会被映射为一个内存页。——译者注

⊜ 更直观的方式应该是将地址、符号名和导出序号三项组合成一个数据结构描述一个符号，然后再用这个数据结构组成一个数组来描述符号表。实际上这种查找三个独立数组的方式效率更高，因为只检索一张表的过程所需加载的内存区域更小，访存的局部性更好。——译者注

⊜ 这个表中的值会被加载器正确加载后赋值。——译者注

程的调用，将其转换为通过该位置进行的间接调用，如果该符号是数据，则对这一符号的引用会被替换为指向其实际地址的指针。需要说明的是，某些编译器可以自动实现重定向[⊖]，如果编译器不能支持，则需要链接器显式地修改程序代码。

- 资源区段：资源表以树的结构来组织。理论上这个数据结构可以支持任意深度的树，但实际中这个树是三级的，对应资源类型、名称和语言（语言在这里是指自然语言，这使得开发人员可以为多种不同的语言设计专用的可执行程序）。每个资源都可以有一个名称或编号。例如，一个资源其类型可以是 DIALOG（对话框），名称为 ABOUT（程序中的"关于"框），语言为英语。与符号名不同的是，符号名只能使用 ASCII 编码的名称，而资源使用的是 Unicode 名称，用以支持英语外的语言。实际上，每个资源都是一个二进制数据块，资源的具体格式由资源的类型而定。

- 线程本地存储区段：Windows 支持进程的多线程执行。每个线程可以有自己的私有存储空间，称为线程本地存储区段（Thread Local Storage、TLS）。该区段中包含一个索引以指向一段专用的镜像文件数据，用于线程启动时初始化 TLS，还包含若干指向过程的指针，用于线程启动时的初始化工作。该区段通常出现在 EXE 文件中而在 DLL 中没有，这是因为在一个程序动态加载某个 DLL 时 Windows 不会分配 TLS 存储区域（见第 10 章）。

- 重定位区段：如果某个加载的程序要在内存中移动，此时会用到重定位段，用以描述符号的实际加载地址和原本目标加载地址之间的差异。可执行程序通常会被当作一个整体进行移动，这样所有的重定位项都具有相同的值。对于更加复杂的情况可能会需要一个重定位项表。如果重定位项表存在，它是一个包含若干个重定位块的数组，每一项包含一个对应可执行程序的 4K 页面，用于描述这一页中的重定位信息。没有重定位表的可执行程序只能被加载到链接的目标地址，不能移动。每个重定位块中包含了它对应的页的相对虚拟地址（RVA），该页中重定位项的数目，以及一个重定位项数组，其中每一项是一个 16 位的二进制数。每一项的低 12 位是需要重定位的块内偏移量，高 4 位是调整的类型，例如加上一个 32 位的值，调整高 16 位或低 16 位（用于 MIPS 架构）。这种一块一块的重定位策略可以将重定位表项大小压缩为 2 个字节，相对于 ELF 格式中的 8 个或 12 个字节而言，这一策略节省了相当可观的空间。

3.9.2　运行 PE 可执行文件

启动一个 PE 可执行程序的过程相对简单。

- 读入文件的第一页，其中包含有 DOS 头，PE 头和区段头等。
- 确定加载的目标地址空间所在区域是否有效，如果不可用则另分配一块区域。
- 根据各区段头部的信息，将文件中的所有区段映射到地址空间的适当位置上。
- 如果文件并没有被加载到它原来的目标地址，则需要根据重定位表进行重定位。
- 遍历导入区段中的 DLL 列表，将任何未加载的库都加载（该过程可能会导致加载其他

⊖　即在编译时生成的调用和访问就是间接访问指令。——译者注

的 DLL，加载过程会递归进行）。

- 解析所有在导入区段中的导入符号。
- 根据 PE 头部的值创建初始的栈和堆。
- 创建初始线程并启动该进程。

3.9.3　PE 和 COFF

Windows 中 COFF 格式的可重定位目标文件具有与 PE 文件一样的 COFF 文件头和区段头，但结构与可重定位的 ELF 文件更相似。COFF 文件没有 DOS 文件头和位于 PE 文件头后面的可选文件头。每个代码区段和数据区段都带有重定位和行号信息（EXE 文件的行号信息集中在调试区段中，一般不被加载器处理）。COFF 目标文件使用的是相对于区段的重定位，而不是 RVA 相对重定位，这一点与 ELF 文件很像。COFF 文件中总是会包含一张符号表，用于描述所需符号和所导出符号。一般而言，使用程序语言编译器编译产生的 COFF 文件不包含任何的资源，资源文件通常由专用的资源编译器创建。

COFF 也具有一些 PE 文件没有的区段类型。最值得关注的是 .drective 区段，其中包含了链接器所需的文本命令字符串。编译器通过 .drective 区段告诉链接器如何加载适当的语言库。一些编译器，如 MSVC（Microsoft Visual C++）等，会在创建 DLL 时嵌入链接器命令，以便加载导出代码和数据。（这种将命令和目标代码混在一起的方法实际上是一种倒退；IBM 的链接器早在 60 年代就开始使用将命令和目标代码混在一起的卡片了）。

3.9.4　PE 文件小结

对于一个支持虚拟内存的线性寻址操作系统而言，PE 文件格式是相当不错的格式，虽然它还背负了少量从 DOS 继承而来的历史包袱。它还具备一些额外特性，诸如专为小型系统提升程序加载速度的序号式地导入、导出方式（这一方式在现代 32 位系统上的效率还有待商榷）。在此之前出现过一个针对 16 位分段可执行程序的 NE 格式，那是一个非常复杂的格式，相对 NE 格式而言，PE 格式的改进是相当明显的。

3.10　Intel/Microsoft 的 OMF 文件格式

这是本章中我们要学习的倒数第二个格式，也是目前仍在使用的最古老的格式之一，Intel 目标模块格式（Intel Object Module Format，OMF）。OMF 最初是 Intel 在 70 年代后期为 8086 定义的格式。多年后，许多厂商，诸如微软、IBM 和 Phar Lap[⊖]，都基于此格式定义了它们自己的扩展。现在的 Intel OMF 格式，既包含了最初的 Intel OMF 格式规范，又结合了绝大多数的格式扩展，只是剪去了那些与其他扩展冲突或从未被使用过的扩展。

到目前为止，我们分析的格式都是针对那些具有可以随机访问磁盘和足够的内存，可以直接处理编译和链接任务的运行环境来设计的。OMF 出现时正值微处理器开发的早期（那时内存容量都很小，而且存储都是基于打孔纸带的）。因此，OMF 将目标文件划分为一系列

⊖　这是 DOS 时代一家著名的软件公司，最知名的成果是 386|DOS-Extender，用于将 DOS 扩展到 32 位保护模式。它们提供了一套广为使用的基于 DOS 的 32 位扩展工具集。——译者注

的短记录，记录的格式如图 3-25 所示。每个记录中，有 1 个字节用于表示类型，2 字节用于表示数据的长度，然后是数据内容，最后是 1 个字节的校验和。校验和的作用是让整个记录按字节求和的结果为 0（不计溢出）。由于纸带设备没有内部纠错机制，由于灰尘或者粘连导致的数据错误并不少见。OMF 文件的设计目标是在没有大量存储空间的机器上，以最少的扫描次数让链接器完成它的工作。链接器工作时，通常会采用一种 1½ 遍扫描的技巧，先进行一遍不完全扫描以快速地从每个文件的前部获取需要的符号名称，然后再进行一遍完全的扫描来完成链接工作，并产生输出。

图 3-25　OMF 记录格式。包括 1 个字节的类型、2 个字节的数据长度 length、长度为 length
　　　　的数据、1 字节校验和

为了应对 8086 分段架构的需求，OMF 格式变得非常复杂。OMF 链接器的主要目标之一就是将代码和数据装入数目尽可能少的段或段组中。OMF 文件中的每一个代码片段或数据片段都是应属于某一个段，并且每一个段会属于某个段组或者段类。其中，段组必须足够小，以便可以放在一个段内，通过段内偏移量寻址，而段类则可以是任意尺寸。因此，段组可以用作寻址和存储管理，而段类只能用于存储管理。代码可以通过名称引用段或者段组，也可以使用基于段或者段组基地址加上相对偏移量来引用段内的代码。

OMF 格式还提供了一些对覆盖链接（overlay linking）的支持，可以使用一个单独的链接器命令文件来指定覆盖指令。但目前为止似乎还没有哪个 OMF 链接器正式支持了这个功能。

3.10.1　OMF 记录

OMF 定义了 40 多种记录类型，不能一一在此列举，这里我们只分析一个简单的 OMF 文件的格式（完整的规范可以在 Intel 的 TIS 文档中找到）。

OMF 使用了一些编码技巧使得记录尽可能短小。例如，所有的名称字符串都是变长的，存储时先存长度，然后是字符串的内容，如果名称是一个空串（在某些情况下是有效的），那就用一个值为 0 单字节来存储。无论是段、符号、段组，还是其他别的可引用的目标，OMF 文件中都不使用它们的名称进行引用。在 OMF 中，有一个模块将每一个曾经出现过的名称列在一个 LNAMES 类型的数组中（每个名称只列一次），然后依次使用这些名称在列表中的序号来代替它们的名称，即表中的第一个名称就表示为 1，第二个名称就表示 2，以此类推。这种方案甚至可以在某些情况下省下一点空间，例如当某个内部符号和一个外部符号使用了同一个名称，那么它们在表中就会合并。在文件中保存索引序号时，如果序号在 0 到 0x7f 之间，则使用 1 个字节存储，序号在 0x80 到 0x7fff 之间则使用 2 个字节存储，用第一个字节的最高位来表明这是一个 2 字节的序号。只是奇怪的是，当使用两个字节的情况时，第一个字节的低 7 位是序号值的高 7 位，第二个字节的 8 位是序号值的低 8 位，这正好与 Intel 本身的字节序相反。段、段组和外部符号同样也是通过索引序号的方式来引用，只是它们都有各自独立的索引序列。例如，某个 OMF 文件中有下列名称的字符串：DGROUP、CODE 和 DATA，它们在 LNAMES 的列表中对应定义的索引为 1、2 和 3。然后模块定义了两个段 CODE 和 DATA，它们的名称就是名称索引表中的序号，即为 2 和 3。同时，由于 CODE 是被定义的第一个段，所以它对应的段索引就是 1，而 DATA 的段索引则为 2。

最初的 OMF 格式是基于 16 位的 Intel 架构定义的。对于 32 位程序，由于地址尺寸的原因在 OMF 中定义了新的记录类型。由于一开始定义的所有 16 位记录的类型数字正好都是偶数，所以对应的 32 位的记录，其类型数字就会采用比对应 16 位类型加 1 的奇数。

3.10.2　OMF 文件的细节

图 3-26 列出了一个简单 OMF 文件中的记录。

```
THEADR 程序名称
COMENT 标志和选项
LNAMES 段、段组和段类的名称列表
SEGDEF 段（每个段一个记录）
GRPDEF 段组（每个段组一个记录）
PUBDEF 全局符号
EXTDEF 未定义的外部符号（每个符号一个记录）
COMDEF 公共块
COMENT 第一遍扫描信息
LEDATA 代码片段或数据片段（多个）
LIDATA 重复数据片段（多个）
FIXUPP 重定位信息和外部引用的重定位信息，跟在所对应的 LEDATA 或 LIDATA 后面
MODEND 模块结尾
```

图 3-26　一个典型的 OMF 文件会包含以下类型的记录序列

文件开头是 THEADR 记录，它标识了模块开始执行的位置，并以字符串的形式标识出了该模块对应源代码文件的名称。如果该模块是函数库的一部分，则它的开头是一个 LHEADR 记录，结构与 THEADR 类似。

第二个记录是 COMENT 记录，其中包含着链接器需要用到的配置信息。（不得不说这个记录的名称与它的实际用途并不匹配。）每个 COMENT 记录中都包含了一些标志位，用于标识在链接时是否要保留注释信息，此外还有 1 字节的类型信息，以及注释文本。某些注释类型确实就只是开发人员的注释，例如编译器的版本信息和版权提示信息等，但某些注释类型提供了链接器必需的一些信息，诸如使用的内存模式⊖、处理完该文件后需要搜索的库名称、弱外部符号的定义，以及厂商放入 OMF 格式中的其他类型的数据。

接下来是一系列的 LNAMES 记录，这个记录中保存的是在本模块中段、段组、段类和覆盖所使用的名称。正如前文所说明的那样，所有 LNAMES 记录中的名称在逻辑上可以看

⊖　内存模式是 8086 引入的一种寻址方式，意图在于使用 16 位的寄存器完成对 20 位地址的访问，模式分为 tiny、small、medium、compack、large 等，其可以支持的地址空间也从 64K 一直扩展到了 1M。——译者注

成是一个统一的数组，其中第一个名称的索引为 1，后面的依次排列。

在 LNAMES 记录后是 SEGDEF 记录，记录中的每一项对应一个在当前模块中定义的段。SEGDEF 记录中用在 LNAMES 数组中的名称索引来记录段的名称，如果段属于某个段类或者覆盖，也使用索引序号来标识。同时，还保存了其他段的属性，包括对齐要求、与其他模块中同名段的合并规则、以及段的长度。

接下来是 GRPDEF 记录，用于定义当前模块中的段组。段组不一定存在，因此 GRPDEF 也不是必须的。GRPDEF 记录中使用组名称在 LNAMES 数组中的索引序号以标识其名称，对于组中的各段，也用它们名称的索引来标识。

PUBDEF 记录中定义了一些公开的符号，也就是对其他模块可见的符号。PUBDEF 记录中会描述一系列的符号，这些符号可以来自一个段，也可以来自一个段组。首先该记录中保存了所有这些符号所属的那个段或者段组的索引，然后对于每个符号，记录其在对应段或段组内的偏移量和它的名称，还有一个单字节，用于存储编译器指定的类型。

EXTDEF 记录用于描述未定义的外部符号。每个记录中会包含一个符号的名称，以及一到两个字节的调试器符号类型。COMDEF 记录用于描述公共块，它与 EXTDEF 记录很相似，只是还定义了符号的最小尺寸。模块中所有的 EXTDEF 记录和 COMDEF 记录所描述的符号在逻辑上组成一个统一的数组，这样在地址重定位一节就可以按照索引序号来引用它们。

接下来是一个特殊的 COMENT 记录，它标记了第一遍扫描数据的结尾。它用来告诉链接器在链接过程的第一遍扫描时可以跳过文件中剩余部分。这是一个可选的记录。

文件的剩余部分用于存储程序实际的代码和数据，其间也会出现 FIXUPP 记录。FIXUPP 记录中包含了重定位信息和外部引用信息。数据记录有两种类型，分别是 LEDATA（枚举，E 是 enumerated 的缩写）类型和 LIDATA（迭代，I 是 iterated 的缩写）类型。LEDATA 类型的记录比较简单，只有一个段索引和一个起始位置偏移量，然后就是存储的数据。LIDATA 与它类似，同样开头是段索引和起始偏移量，但随后可以存储一系列嵌套的重复数据块。这种结构使得 LIDATA 可以高效处理由如下所示 Fortran 语句生成的代码：

```
INTEGER A(20,20)   /400*42/⊖
```

在 LIDATA 记录中，可以存储一个 2 字节或 4 字节的数据块，其数值为 42，并标识其重复 400 次。

每一个需要地址重定位的 LEDATA 记录或 LIDATA 记录后面必须马上跟一个 FIXUPP 记录。FIXUPP 是目前我们遇到的最为复杂的记录类型。每个 FIXUPP 记录中都有三个数据项：第一个是目标，即被引用的地址，是地址要被重定向的方向；第二个是框架，即用来计算地址的参考点，是一个段或段组中的一个位置；第三个位置，是要进行地址调整的位置。多个地址调整信息可能会使用到同一个框架值，多个调整信息可能会用到同一个目标地址，因此 OMF 中定义了调整线程，使用 2 位二进制数以更为简捷地表达框架或目标信息。这两位二进制数用于存储调整线程的编号，这样，每一个位置总计可以定义 4 个框架和 4 个目标。例如，如果一个模块中包含了一个数据段组，该段组被模块中几乎所有的数据引用当作

⊖   这句表示生成一个二维数据，20*20，并将这 400 个元素赋值为 42。——译者注

框架来使用，此时为该段组的基地址定义一个线程号可以节省大量的空间。为了提升效率，线程号可以按照需要随意地重复定义。在实际中，GRPDEF 记录后面几乎总是会跟着一个为该段组定义了一个框架线程的 FIXUPP 记录。

FIXUPP 记录是由一个子记录的序列组成的，每个子记录要么定义了一个线程，要么定义了一个调整信息。描述线程的记录会用标志位来表明它定义的是框架还是目标的线程。定义目标线程的记录包含有线程号、引用的类型（相对段的引用、相对段组的引用、相对外部的引用）、用作基地址的段或段组或符号的索引，以及相对基地址的偏移量（这是可选的）。描述框架的记录包含线程号和引用类型（定义目标线程时使用的所有类型，再加上两个常见的特殊类型：与位置的段相同，与目标的段相同）。

一旦定义了线程，调整信息的子记录就相对简单了。它包含需要调整的地址、调整的类型（用一个编号代码表示，可以是 16 位偏移量、16 位段、完整的"段基址：偏移量"地址、8 位相对地址，等等），以及框架和目标。框架和目标可以引用先前定义的线程，也可以自己指定。

在 LEDATA、LIDATA 和 FIXUPP 记录之后，会有一个 MODEND 记录用于标记模块的结尾。如果当前模块是程序的主例程的话，该记录还用于指定程序的入口点。

一个真正的 OMF 文件还有很多其他类型的记录，用于表示本地符号、行号和其他调试信息等。在 Windows 环境下，还要为 NE 目标文件（这是一个针对可分段的 16 位处理器设计的 PE 格式）创建导入、导出区段的信息。但是，模块的结构并没有变化。各个记录的顺序非常灵活，当第一遍扫描结束标志不存在时就更加随意。仅有的几条强制规则就是 THEADR 和 MODEND 必须是第一个和最后一个记录，FIXUPP 必须紧随相关的 LEDATA 或 LIDATA，不允许模块内的前向引用（forward references）。在实际使用中，还可以在定义符号、段和段组时生成对应的记录，只要在其他记录引用它们之前给出定义，就是合法的操作。

3.10.3 OMF 格式小结

相比于我们已经看到的其他格式，OMF 格式颇为复杂。造成这种复杂性的原因有很多：（1）OMF 采用了一些数据压缩的技巧，（2）各个模块都被划分了小记录，（3）多年来累计增加了各种新特性，（4）分段的程序寻址本身就很复杂。每个记录都定义了自己的类型，保持对类型处理的一致性是非常重要的，它使得格式的扩展非常简单，也使得 OMF 文件的处理程序可以轻松跳过那些它们不支持的记录类型。

如今即使是小型的桌面电脑也可以拥有数兆字节（megabyte）的内存和大容量磁盘，OMF 将目标文件划分为很多小记录的方法越发显得弊大于利。20 世纪 70 年代曾经大量使用小记录模块来组装成目标文件，但是现在这种方案已经被抛弃了。

3.11 不同目标文件格式的比较

本章中我们已经看到了 7 种不同的目标文件格式和可执行格式，从最简单的 .COM 到成熟的 ELF 和 PE 再到已经过时的 OMF。ELF 这类现代目标文件格式会尝试将同一类型的数据收集在一起,以更方便链接器的处理。它们在安排文件布局时还会考虑到虚拟内存等因素,使得系统的加载器可以更加便捷地将文件映射到程序的地址空间中去。

每种目标文件格式都与它工作的操作系统密切相关,也明显带有它所在的操作系统的风格。UNIX 系统一直以内部接口简洁规范著称,因此 a.out 格式和 ELF 格式也相对简单,结构清晰,并且很少存在异常特例。而 Windows 则相反,甚至将进程管理和用户界面也纠缠在了一起。

3.12   练习

1.   如果定义一个类似 3.13 节描述的基于文本的目标文件格式,它是否有实用价值?(提示:见 Fraser 和 Hanson 的论文 "A Machine-Independent Linker")

3.13   项目

这里我们定义一种简单目标文件格式,仅用于完成本书的项目作业。与其他目标文件格式不同,这一目标文件格式类型完全是由一行行的 ACSII 文本构成的。这样就可以很容易地使用文本编辑器来创建和编辑这些目标文件,同样也就可以很容易地检查项目链接器的输出文件。图 3-27 展示了该格式的草图。段、符号和重定位项均由一行一行的文本组成,每个不同的格式项之间通过空格来划分。每一行末尾之后的其他附加信息都会被忽略。文件中数字均使用十六进制。

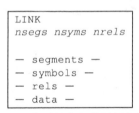

图 3-27   本项目定义的目标文件格式

第一行是目标文件格式的魔数,即 LINK。

第二行至少包含 3 个数字,依次为文件中段的个数、符号表项的个数、重定位项的个数。如果不存在符号和重定位项,则对应的数字为 0。当我们需要扩展这个链接器的已定义版本的目标文件格式时,也可以在这三个数字后面追加其他的信息。

接下来是段的定义。每一个段的定义包含段的名称、段的起始逻辑地址、以字节为单位的段长度、一个描述该段特性的字符串。段的特性使用字符编码表示,编码字母包括 R(可读)、W(可写)、P(存在于目标文件中)(其实也可以使用其他字母来代替)。一个 a.out 类似文件中通常可能会包含如下的段信息:

```
.text 1000 2500 RP
.data 4000 C00  RWP
.bss  5000 1900 RW
```

段会根据它们出现的先后顺序编号,第一个段的编号为 1。

接下来是符号表,每个表项的格式如下:

```
name value seg type
```

name 就是符号的名称，value 是符号的值，用十六进制数表示，seg 是定义该符号的相对位置时，用作参考地址的段的编号，如果是个绝对符号或未定义的符号则该值为 0。type 是用于表示符号类型的字符，D 表示已定义，U 表示未定义。符号也同样根据它们被列出的顺序来依次编号，编号从 1 开始。

接下来的是重定位信息，每行对应一项：

```
loc seg ref type ...
```

loc 是要被重定位的位置，seg 是可以用作计算该位置的基地址的段号，ref 是要被重定位的段或符号的编号，type 是与体系结构相关的重定位类型。通常情况下，类型有两种，A4 表示 4 字节绝对地址，R4 表示 4 字节相对地址。某些重定位类型可能会在 type 后面还有额外的信息项。

重定位信息后面的是目标文件的数据。每个段的数据是以换行为结尾的十六进制数字串（这样在 Perl 中就可以很容易地读 / 写区段数据了）。每一对十六进制数字表示一个字节。段数据的顺序与段表中的顺序相同，并且对于每一个"存在于当前文件"的段都必须会有一段数据与之对应。十六进制数字串的长度由段的长度决定；如果段长度为 100 字节，则对应的数据段的数字字符串应该有 200 个字符，不包括结尾的换行符。

项目 3-1　写一个 Perl 程序，读入这种格式的目标文件，并将内容保存在相应的 Perl 表或数组中，然后再将它们写回到一个目标文件中。该输出文件并不要求与输入文件完全一样，但它们在语义上应当是等价的。例如，符号并不需要按照它们被读入的顺序写到文件中，它们可以被重新排列，因此必须要调整重定位项以适应符号表的新顺序。

存储空间管理

链接器或加载器的首要任务是管理存储空间。一旦合理划分了存储空间后,链接器接下来就可以进行符号绑定和代码调整。在一个链接的目标文件中,多数符号按照文件内部存储区域的相对位置定义的,所以只有首先确定存储区域,然后才能够进行符号解析。

与链接器设计的其他问题类似,单纯设计存储分配的基本问题是很简单的,但与计算机体系结构和编程语言语义的特性和细节相结合时,会让问题变得复杂起来。存储分配的大多数工作都可以通过体系结构无关的方法来处理,但总有一些细节需要体系结构相关的特定技巧来解决。

4.1 段和地址

每个目标文件(object file)或可执行文件(executable file)都会采用特定的地址空间模式以排布其符号。通常这里地址排布的目标,指的是程序要运行的目标计算机为应用程序提供的地址空间,但某些情况下(例如共享库)也会有所变化。在一个重定位链接器或加载器中的基本问题是,确保程序中的所有段都有清晰的定义和明确的地址,并且这些地址不会发生重叠(除非是刻意设计用于重叠的段)。

每一个链接器的输入文件都包含一系列各种类型的段。不同类型的段以不同的方式来处理。通常,所有类型相同的段,诸如可执行代码段,会在输出文件时被合并为同一个段。有时候段是在其他段的基础上合并得到的(如 Fortran 的公共块),甚至有时候链接器本身会创建一些段并将其放置在输出中(这种情况近期越来越多,用于处理共享库或 C++ 的专有特性等)。

存储布局需要两次处理才行,因为首先需要确定每个段的大小,然后才能为每个段分配空间,确定地址。

4.2 简单的存储布局

假设一种非常简单的情况,链接器的输入文件是一系列的模块,表示为 M_1, M_2, $\cdots$, M_n,每一个模块中仅有一个段,从位置 0 开始长度依次为 L_1, L_2, $\cdots$, L_n,目标地址空间也是从 0 开始。如图 4-1 所示。

在这种情况下,链接器或加载器会依次扫描各个模块,并按顺序为它们分配存储空间。模块 M_i 的起始地址为从 L_1 到 L_{i-1} 相加之和,链接得到的程序总长度为从 L_1 到 L_n 相加之和。

多数体系结构会要求数据必须按照字的长度对齐,起始地址也必须是字长的整数倍,或至少在对齐时运行速度会更快些。因此链接器通常会将 L_i 扩充到目标体系结构中最大对齐单位（通常是 4 或 8 个字节）的整数倍。

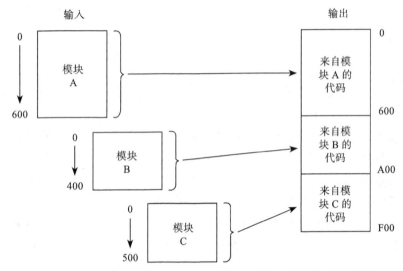

图 4-1   独立段的存储空间分配。每一个段都从位置 0 开始，重定位后多个段在目标文件中
          按一个跟着一个的方式排列

例 4.1   假定一个名为 main 的主程序要由 calif、mass 和 newyork 三个子例程（routine）相互调用组合而成。三个函数按照其名称字母的顺序进行链接。每个函数的大小为（十六进制数字）：

名称	尺寸
main	1017
calif	920
mass	615
newyork	1390

假定从地址 1000（十六进制）处开始分配存储空间，并且要求 4 字节对齐，那么存储空间分配的结果就如下所示：

名称	位置
main	1000-2016
calif	2018-2937
mass	2938-2f4c
newyork	2f50-42df

需要说明的是，由于对齐的原因，2017 处的 1 个字节和 2f4d 处的 3 个字节被浪费掉了，但这些可以忽略。

4.3   多种类型的段

稍微复杂一点的目标文件格式都会将段进行分类，输入文件中也会有不同类型的段，链接器会将所有输入模块中相同类型的段组合在一起放到目标文件。例如，UNIX 系统中有代码（TEXT）段和数据（DATA）段，在链接时需要将所有输入模块的代码段都集中在一起，后面跟着的是所有输入模块的数据段，再后面是 BSS（需要说明的是，BSS 是逻辑上分配的，在输出文件中并不占空间，但在链接过程中需要分配空间来解析 BSS 符号，并确定输出文件被加载时要分配的 BSS 空间大小）。在这种情况下，就需要两次扫描的存储分配策略。

如图 4-2 所示，现在每一个模块 M_i 都有一个大小为 T_i 的代码段，大小为 D_i 的数据段，以及大小为 B_i 的 BSS 段。

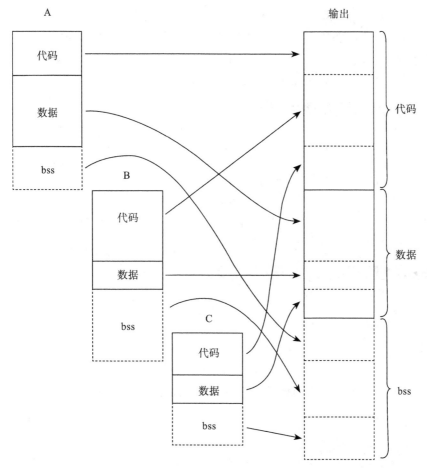

图 4-2   为多种类型的段分配存储空间。按类型将代码段、数据段和 BSS 段归并

在读入每个输入模块时，链接器为每个 T_i、D_i、B_i 参照前文提到的简单段的模式分配空间，假设每个段都各自从位置 0 处开始，在目标文件中将它们依次存放。在读入了所有的输入文件后，链接器就可以知道这三种段各自的总大小 T_{tot}、D_{tot} 和 B_{tot}。数据段需要跟在代码段之后，因此链接器将会为每一个数据段所分配的地址再加上 T_{tot}，接着处理 BSS 段。由于 BSS 跟在代码段和数据段之后，所以链接器会为每一个 BSS 段分配的地址加上 $T_{tot} + D_{tot}$。

同样，链接器通常也会将分配的大小按照对齐的要求进行扩充补齐。

4.4　段与页面的对齐

在现代的计算机系统中，代码和数据通常会被加载到不同的内存页中[⊖]，因此代码段的大小必须扩充为一个整页，相应地，数据段和 BSS 段的位置也要进行调整。为了节省空间，很多 UNIX 系统都使用一些空间管理的技巧，在目标文件中将数据段紧跟在代码段的后面，并将那个代码和数据共存的页在虚拟内存中映射两次，一次映射为只读的代码段，一次映射为写时复制（copy-on-write）的数据段。这种情况下，只需将数据段编址在代码段结束后紧接着的下一页，此时不再需扩充代码段，数据段也不必对齐，数据段会在这一页的中间位置上开始，只需要将原来数据段中的地址加上 4K（或者其他的页尺寸）即可。

例 4.2　我们扩展例 1，假设每个例程都有代码段、数据段和 BSS 段。仍然需要 4 个字节对齐，同时要按页大小为 0x1000 对齐。

名称	代码段	数据段	BSS 段
main	1017	320	50
calif	920	217	100
mass	615	300	840
newyork	1390	1213	1400

（均为十六进制数字）

链接器首先分配代码段，然后是数据段，接着是 BSS。注意这里数据段起始于页边界 0x5000[⊖]，但 BSS 紧跟在数据的后面，这是因为在运行时数据和 BSS 在逻辑上是一个段。

名称	文本段	数据段	BSS 段
main	1000-2016	5000-531f	695c-69ab
calif	2018-2937	5320-5446	69ac-6aab
mass	2938-2f4c	5448-5747	6aac-72eb
newyork	2f50-42df	5748-695a	72ec-86eb

注意到 0x42e0 并不是页的结尾，在 0x42e0 到 0x5000 之间浪费了一些空间。虽然 BSS 段的结束位置 0x86eb 也处在页的中部，但这并不会浪费，通常系统在这个位置的后面分配程序的"堆"空间。

4.5　公共块和其他特殊段

上面这种段分配策略虽然简单，却已经能够很好地处理链接器中 80% 的存储空间分配工作。剩下的那些情况就需要用一些特殊的技巧来处理了。这里我们来看看比较常见的几个。

4.5.1　公共块

公共块存储区可以追溯到 20 世纪 50 年代 Fortran I 时代。在最初的 Fortran 系统中，每一个子程序（主程序、函数或者子例程）都可以声明和分配自己的标量和数组变量，用作局

⊖　代码和数据通常权限不同，如代码段是可读可执行，而数据段是可读可写，计算机系统的硬件通常只能以页为单位设置权限，因此代码和数据不放于同一个页中。——译者注

⊖　并没有使用上文提到的节省空间的技巧。——译者注

部变量。同时还有一个各例程都可以使用的标量和数组的公共存储区域。公共块存储被证明是非常有用的，甚至在后续 Fortran 版本中，将一个公共块扩展到了多个可命名的公共块（就是我们现在知道的空白公共块，正如它的名称一样，这个区域的内容是空白的），每一个子程序都可以声明它们所用的公共块。

Fortran 在投入使用的最初的 40 年中不能支持动态存储分配，公共块是 Fortran 程序用来绕开这个限制的首要工具。标准 Fortran 允许不同例程声明不同大小的空白公共块，最后会按照最大的尺寸进行分配。Fortran 的系统都对这一特性进行了扩展，使得所有类型的公共块都具备这一特性，即例程可以将任意类型的公共块声明为不同的大小，但还是按最大的尺寸进行分配。

大型的 Fortran 程序所需使用的内存量经常会超过它们所运行系统的内存容量限制。在没有动态内存分配机制支持的情况下，开发人员不得不重新创建软件包，压缩尺寸来解决此类问题。将这个程序的子例程中选出一个，将公共块声明为真正需要的实际大小，其他的子例程都将公共块声明为只有一个元素的数组。在程序启动时，将公共块的大小放在一个全局变量中（全局变量机制需要借助另一个公共块来实现），这样其他的子例程就可以使用这个公共块的空间了。并且，这样就可以通过仅修改和重新编译链接一个子例程，就可以调整整个程序占用的公共块的尺寸。

从 60 年代开始 Fortran 增加了 BLOCK DATA 数据类型，用来为任意公共块（不能用于空白公共块，当然这个限制也没什么意义）指定初始数据值，可以为全部公共块设置初始数据值，也可以只初始化其中的一部分。在链接时，通常会用公共块初始化用的 BLOCK DATA 的大小当作对应公共块的大小。

在处理公共块时，链接器会将输入文件中声明的每个公共块当作一个段来处理。只是会将同名的公共块重叠在一起，而不是像其他段一样连接起来。这将可以使段的大小与声明时最大的段相同。但是如果在某一个输入文件中存在为该段指定的初始值，则需要特殊处理。一般来说，公共块是数据段的一部分，在某些系统上，已初始化的公共块会被当成一个单独的段类型来处理。

UNIX 链接器一直可以支持公共块，即使最早版本的 UNIX 也具有一个 Fortran 的编译器（仅能够支持 Fortran 的子集），UNIX 版本的 C 语言编译链接过程中对未初始化的全局变量的处理过程也和公共块类似。但在 ELF 出现之前，UNIX 的目标文件只有代码段、数据段和 BSS 段，没有办法直接声明一个公共块。作为一个特殊技巧，链接器使用一个未定义但初值非零的符号表示公共块，该初值就是公共块的大小。链接器将遇到的此类符号中最大的值作为该公共块的大小。对于每一个公共块，它在输出文件的 BSS 段中定义相应的符号，在每一个符号的后面分配所需要的空间，如图 4-3。

4.5.2　C++ 重复代码消除

在某些编译器中，会因为 C++ 的虚函数表、模板和外部内联函数而产生大量的重复代码。这些特性可以用于支持那些需要全局访问的"牵一发动全身"的环境。虚函数表（Virtual Function Table，通常简称为 vtbl）包含了一个类的所有虚函数（可以被子类覆盖的函数）的地址。任何一个带有虚函数的类都需要一个虚函数表。模板本质上就是以数据类型为参数的宏，并能够根据特定的参数类型扩展为特定的函数。对于一个普通的函数而言，开发人员在调用它之前需要首先确保这个函数已经被定义并可供调用，例如首先要有 hash(int) 和 hash(char*)，才可以分别对整数类型和字符串类型调用相应的 hash 函数。而模型函数 hash(T) 可以根据程序中使用 hash 函数时的参数数据类型创建对应的 hash 函数。在每个源代码文件都被单独编译的环境中，最简单的方法就是为第一个目标文件嵌入所有所需的虚函数表，为该文件中用到的模板函数生成其相应的扩展并嵌入到该文件中，将该文件所需的外部内联函数也嵌入到该文件中，这样做的结果就是会产生大量的冗余代码。

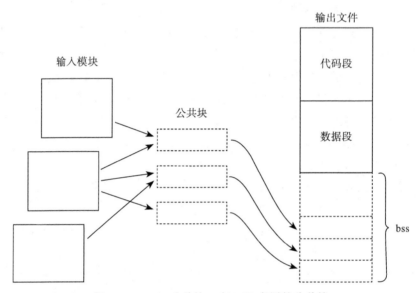

图 4-3   UNIX 公共块。在 BSS 末尾的公共块

最简单的方法就是在链接时仍然保留着那些重复的代码。那么得到的程序肯定是可以正常工作的，但代码体积可到会膨胀到理想大小的三倍或者更多。

在那些使用简单链接器的系统上，一些 C++ 系统使用了迭代链接的方法，并采用独立的数据库以记录需要哪些函数扩展到哪些地方，或者添加 pragma（向编译器提供信息的程序源代码）向编译器反馈足够的信息，以确保仅生成必需的代码。我们将在第 11 章讲解这些技术。

很多新型的 C++ 系统已经正面解决了这个问题，要么是让链接器更聪明一些，要么就是链接器和程序开发环境的其他部分相整合以共同解决问题。后一种方法我们在第 11 章还会涉及，前一种方法指的是，让编译器在每个目标文件中生成所有可能的重复代码，然后让链接器来识别和消除重复的代码。

微软的 Windows 链接器在代码区段定义了 COMDAT 系列标志，用以通知链接器对于名称相同的区段只保留一个，其余的全部忽略。编译器会根据模板给每个区段命名，名称中体现了参数类型，如图 4-4 所示。

IMAGE_COMDAT_SELECT_NODUPLICATES	1. 如果发现有多个同名的区段则产生警告信息。
IMAGE_COMDAT_SELECT_ANY	2. 如果有多个同名的区段，只保留一个，其他的忽略
IMAGE_COMDAT_SELECT_SAME_SIZE	3. 如果有多个同名的区段，只保留一个，其他的忽略。如果被忽略的区段与保留的区段大小不同，则产生警告信息。
IMAGE_COMDAT_SELECT_EXACT_MATCH	4. 如果有多个同名的区段，只保留一个，其他的忽略。如果被忽略的区段与保留的区段大小不同或者内容不同，则产生警告信息。（这一机制未被最终实现）
IMAGE_COMDAT_SELECT_ASSOCIATIVE	5. 如果其他关联的区段被链接了，那么就把这个区段链接进来。

图 4-4　Windows 中用于消除重复区段的标记

GNU 链接器则是通过定义一个"单次链接"（link once）类型的区段来解决模板这类问题的，思路与处理公共块很相似。如果链接器看到诸如 .gnu.linkonce.name 之类的区段名称，它会将第一个以此命名的区段保留下来，并忽略其他同名的冗余区段。同样编译器会将模板扩展成一个名称为 .gnu.linkonce.name 的区段，并用模板的名称和参数类型来共同生成区段的名称。

这种策略对于大部分情况是非常有效的，但它并不是万能的。例如，它不能处理名称相同但功能上并不完全相同的虚函数表和扩展模板。一些链接器会尝试检查被忽略的和保留下来的区段是否每个字节都相同。这种方法是很保守的，但是如果两个文件采用了不同的优化选项，或不同的编译器版本，就会产生报错信息。另外，它也有可能会漏掉一些应该被忽略的冗余代码。例如，在多数 C++ 系统中，所有的指针的内部表示都是一样的。这意味着一个模板使用指向 int 类型指针参数进行实例化，与使用指向 float 类型指针参数进行实例化，会产生相同的代码（即使它们的 C++ 数据类型不同）。某些链接器也会尝试忽略那些和其他区段完全相同的 link-once 区段，哪怕它们的名称并不是完全相同的，但这仍然没有完美地解决这个问题。

虽然我们在这里只是讨论了模板的问题，但相同的问题也会发生在外部内联函数、缺省构造函数、复制函数和赋值函数中。当然链接器也是采用了相同的方法来处理它们。

4.5.3　初始化和终结

初始化（initializer）和终结（finalizer）代码的问题并不仅在 C++ 中存在，但在 C++ 上尤为严重。一般来说，开发人员在编写程序库时，会希望在程序启动的时候可以运行一个负责初始化的例程，即初始化，并在程序结束的时候运行一个负责清理和结束的例程，即终结。C++ 支持静态变量。如果一个静态变量的类有构造函数，那在程序启动时需要调用构造函数来初始化这个静态变量，同样如果一个静态变量的类具有析构函数，那么在程序退出时也需要调用析构函数。现代链接器通常都可以为这类特性提供直接支持，但即使没有链接器的支持，也有很多办法可以做到这一点，我们将会在第 11 章讨论。

通常的做法是将每个目标文件中的初始化代码都放入同一个匿名的例程中，然后将指向该例程的指针放在名为 .init（或其他类似的名称）的段中。链接器将所有的 .init 段连接在一起，这样就得到了一个指向所有这些初始化例程的指针列表。程序的初始化部分只需要遍历该列表依次调用所有例程即可。退出时的终结代码可以采用相同的方法处理，只是段的名称改为了 .fini。

实践证明这种方法也不是完全令人满意的，因为初始化代码可能会有依赖关系，有一些初始化代码要求比另外一些更早地运行。C++ 的标准说明中指出应用程序级的构造函数的运行顺序是不确定的，但 I/O 和其他系统库的构造函数需要在应用程序自己的构造函数之前执行。完美的方法应当是让每一个初始化例程都明确地列出它们的依赖关系，并在此基础上进行拓扑排序。BeOS 操作系统的动态链接器就是这么做的，使用库的引用依赖关系决定初始化代码的执行顺序，例如，如果库 A 依赖于库 B，那么库 B 的初始化代码就会先运行。

一个更简单的近似方法是设置多个用于初始化的段，如 .init 和 .ctor，这样启动程序首先调用 .init 中的例程完成所有库级初始化，然后调用 .ctor 中的例程以执行 C++ 的构造函数。在程序结束时存在同样的问题，相应的段名是 .dtor 和 .fini。有的系统甚至还允许程序员设置初始化例程和终结例程的优先级编号，0 至 127 是用户代码，128 至 255 是系统库，链接器在合并代码之前会先将初始化代码和终结代码按优先级编号排序，最高优先级的初始化代码最先运行。但这仍不能令人完全满意，因为构造函数之间会存在顺序依赖关系，从而产生非常难以调试的错误，但在这里 C++ 将消除这些错误的责任交给了程序员。

该策略的一个变种是将实际的初始化代码放在 .init 段中，当链接器合并它们的时候，该段会通过内联嵌入的形式完成所有初始化工作。只有少量系统进行了这种尝试，这一机制在不支持直接寻址的计算机上是很难工作的，因为从每个目标文件中提取出来的代码块还要能够对它们原本文件中的数据进行寻址，通常这都需要借助一张表来记录这些变量的地址，然后再使用一个寄存器来指向这张表。匿名例程采用和其他例程相同的方式来初始化它们的寻址过程，借助已有的方案来减少寻址的问题。

4.5.4　IBM 伪寄存器

IBM 主机系统的链接器提供了一种非常有趣的特性，名为外部占位符（external dummy）区段或伪寄存器（pseudo-register）。360 是较早的无直接寻址的主机架构之一，这就意味着实现小范围的数据区域共享要付出很高的开销。每一个引用全局对象的例程都需要一个 4 字节的指针指向该对象，如果这个对象只有 4 个字节那么大的话，这将是相当大的开销。例如 PL/I 程序中，每一个打开的文件和全局对象都需要一个指针（虽然 PL/I 应用程序的程序员无法访问伪寄存器，但它是唯一使用伪寄存器的高级语言。它使用伪寄存器指向打开文件的控制块，这样应用程序就可以将那些对 I/O 系统的调用以内联的形式嵌入到代码中来）。

这里有一个问题是，OS/360 不支持我们现在所说的进程 / 任务级本地存储的机制，并且对共享库只提供非常有限的支持。如果两个作业运行同样的程序，它们只有两种选择，要么将这个程序标注为可重入，此时两个作业会共享整个程序、代码和数据，要么标注为不可重入，则此时它们不共享任何东西。因为所有的程序都会被加载到相同的地址空间，因此相同程序的多个实例必须手动地标注出实例本身的数据范围以避免窘态（360 系统不具备硬件内存重定位功能，直到 370 系统才能够支持，但也直到 OS/VS 操作系统的若干个版本之后系统才为每个进程提供了独立的地址空间）。

借助伪寄存器可以解决这些问题，如图 4-5 所示。每一个输入文件都可以声明若干个伪寄存器，也称为外部占位符区段（在 360 系统的汇编语言中，它的声明语法与结构体的很相似）。每个伪寄存器都有名称、长度和对齐要求。在链接时，链接器将所有的伪寄存器都收集到一个逻辑段中，将这些伪寄存器指定的长度的最大值、对齐的最严格要求应用于每个伪寄存器，并在该逻辑段为它们分配偏移量，确保它们不会相互重叠。

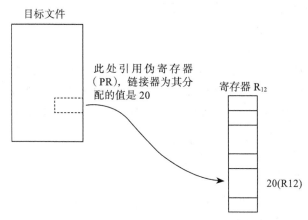

图 4-5　伪寄存器。通过 R12 指向一块连续的地址空间。程序中的例程通过偏移量引用它们

链接器并不会为伪寄存器段分配空间。它只是计算该段的大小，并将其存储在程序的数据段的一个特殊区域中，并将其标识为 CXD（Cumulative External Dummy，累计外部占位符）。当引用一个伪寄存器时，程序代码还需要借助另一个特殊的 XD（External Dummy，外部占位符），其中存储了定位该伪寄存器的偏移量。使用 XD 的值就可以在一个伪寄存器的逻辑段内定位到所需的伪寄存器。

程序的初始化代码为伪寄存器动态地分配空间，根据 CXD 中的信息可以知道需要多大的空间，按惯例这个空间的地址会被存放在寄存器 R12 中，在整个程序运行期间都不会改变。程序中的任何一部分都可以通过将寄存器 R12 的值与某个伪寄存器对应的 XD 的值相加得到该伪寄存器的地址。这个过程一般都是通过 load 和 store 指令来完成的，将寄存器 R12 作为索引寄存器，将 XD 用作指令的地址偏移量域。需要说明的是，地址偏移量域只有 12 位，虽然 XD 有 16，但它的高 4 位一直会是 0，（用于表示基址寄存器为 0），所以仍然可以产生正确的结果。

这种访问模式使得程序的任何部分都可以通过 load、store 和其他 RX 格式指令来直接访问所有的伪寄存器。如果一个程序存在多个活动的实例，每个实例就可以分配独立的空间，然后每个实例使用独立的 R12 值来标识这些空间。

尽管伪寄存器初期设计的使用方法现在大多数都已经被废弃了，但是，借助链接器为线程提供可以高效访问本地地址的方法，确实一个非常好的思想。这一思想现在仍然出现在很多现代操作系统中，其中最著名的就是 Windows。同样，现代的 RISC 机器也继承了 360 系统的寻址方式，只能支持有限的寻址范围，因此需要使用内存指针表来寻址任意的内存地址。在很多 RISC 指令集版本的 UNIX 系统上，编译器会为每个模块创建两个数据段，一个是常规的数据段，另一个则称为小数据段，专门用来存储小型数据对象，即大小低于某一个阈值的静态对象。链接器将所有的小数据段汇集在一起形成一个专门的段，然后在程序启动时将其连续加载，并使用一个保留的寄存器保存这个段的地址。这样就可以以这个寄存器为基址来寻址从而直接引用这些小数据。要注意的是，与伪寄存器不同，小数据段的存储空间是由链接器分配的，在每个进程中也只有一份小数据段。某些版本的 UNIX 系统能够支持线程，但线程级的存储是靠特定的程序代码完成的，不需要链接器的特殊帮助。

4.5.5　专用链接表

链接器还需要为自己分配存储空间。为了支持应用程序使用共享库或者覆盖技术，链接器会根据运行时需要创建一些专用链接表，这些表用于实现指针、符号或者其他内容的动态解析和动态链接。链接器会将这些表保存为若干个特殊的段。这些段被创建后，链接器会按照处理其他段的方式来为它们分配存储空间。

4.5.6　x86 的存储分配策略

8086 和 80286 使用基于分段的内存寻址策略，这使得链接器不得不为它设计一些特殊的支持机制。x86 OMF 目标文件为每个段都设计了一个名称和类型（类型是可选的）。所有名称相同的段会根据编译器或者汇编器设置的一些标志位合并到一个大的段中。同时，所有类型相同的段也会被连续地分配在一个块中。编译器或汇编器使用段的类型名来标注段的实际用途（如代码段或静态数据段），因此链接器可以将给定类型的所有的段分配在一起。当某个类型的所有段总长小于 64K 时，它们在寻址时可以被划分为"一组"，使用同一个段寄存器进行寻址，这样可以节省空间，提高访存效率。

图 4-6 展示了三个输入文件链接成一个程序的过程，三个输入文件依次为 main、able 和 baker。文件 main 中包含 MAINCODE 段和 MAINDATA 段，able 中包含 ABLECODE 段和 ABLEDATA 段，baker 中包含段 BAKERCODE 段、BAKERDATA 段和 BAKERLDATA 段。其中，每一个名称结尾是 CODE 的段都是代码段，名称结尾是 DATA 的都是数据段，但是，BAKERLDATA 段是大型数据段，没有被赋予类型。在链接好的程序中，假定代码段最大不超过 64K，那么在运行时可以把代码段作为一个独立的段来对待，可以使用短距离的调用指令和跳转指令[⊖]，也可以一直使用 CS 寄存器来表示代码段的基地址，运行中不必修改。同样如果所有的数据段可以装在 64K 的空间中，则它们也可以当作一个独立的段来对待，使用短距离的内存引用指令[⊖]，同样也不用改变数据段寄存器 DS 的值。BAKERLDATA 段在运行时作为一个独立的段处理，在加载时程序代码也会使用一个专门的段寄存器（通常是 ES）来指向它的起始地址。

⊖　在 x86 中，根据跳转目标的相对距离，需要区别使用短跳转和长跳转两种指令，差异表现在是否需要设置新的代码段基地址，调用也类似。——译者注

⊖　与跳转、调用类似，访存指令也会根据目标地址的距离分为远近两种访存模式，区别在于是否需要变更数据段基地址。——译者注

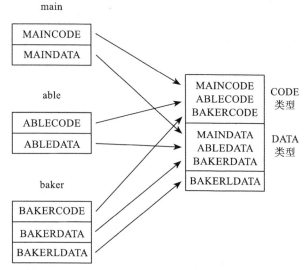

图 4-6　x86 的分段存储分配机制。MAINCODE 段、ABLECODE 段和 BAKERCODE 段为
　　　　代码（CODE）类型，MAINDATA 段、ABLEDATA 段和 BAKERDATA 段为数据
　　　　（DATA）类型，BAKERLDATA 段是一个独立的类型

实模式和 286 保护模式的程序的链接方式几乎相同。主要的不同在于，在保护模式中链接器只负责创建和链接段，在程序加载时才由加载器为段赋值实际的内存地址和段号。在实模式中，链接器还需要为段分配线性地址，并根据这些段的线性地址与程序起始地址的相对位置为它们分配段落号。在程序加载时，加载器会根据程序实际被加载的地址，重新调整这些标识，即对于实模式程序调整所有的段号，对于保护模式程序调整所有的段号，使之与程序被加载的实际位置相对应。

4.6　链接器控制脚本

传统的链接器设计中，用户对输出数据格式的控制非常有限。随着技术的发展，链接器开始需要面对内存结构非常复杂的目标环境，诸如嵌入式系统的运行环境或者同时适配多种目标的运行环境。因此，开发人员需要对数据的布局做更精确的控制，既包括在目标地址空间中的布局，也包括在输出文件中的布局。对于那些只能指定若干个固定段的简单链接器，它们通常可以通过参数配置各个段的基地址，这样就可以将程序加载到非标准的应用环境中（通常是在操作系统内核的链接加载中会用到这些参数）。还有一些链接器配有大量的命令行参数，由于系统经常会限制命令行的长度，因此经常将这些命令行参数放置在一个文件中。例如，微软的链接器大约支持 50 个命令行参数，可以用于文件中为每个区段设置特性，指定输出文件的基地址以及一系列其他的相关细节。

还有一些链接器会定义专用的脚本语言，用以控制链接器的输出格式。GNU 链接器就定义了这么一种脚本语言，可以支持大量的命令行参数。图 4-7 展示了 UNIX System V Release 3.2（一个 UNIX 的发行版，如 SCO UNIX）系统上用于产生 COFF 可执行程序的一个简单链接脚本示例。

```
OUTPUT_FORMAT("coff-i386")
  SEARCH_DIR(/usr/local/lib);
ENTRY(_start)
SECTIONS
{
  .text SIZEOF_HEADERS : {
     *(.init)
     *(.text)
     *(.fini)
     etext = .;
  }
  .data 0x400000 + (. & 0xffc00fff) : {
     *(.data)
     edata = .;
  }
  .bss SIZEOF(.data) + ADDR(.data) :
  {
     *(.bss)
     *(COMMON)
     end = .;
  }
  .stab 0 (NOLOAD) :
  {
     [ .stab ]
  }
  .stabstr 0 (NOLOAD) :
  {
     [ .stabstr ]
  }
}
```

图 4-7   生成 COFF 可执行程序的 GNU 链接器控制脚本示例

　　这个脚本文件的前几行分别描述了输出的格式（由 OUTPUT_FORMAT 指定，其中的字符串不是随意指定的，它必须是链接器能够支持的格式列表中的一项）、查找目标代码库的位置（由 SEARCH_DIR 指定）、缺省入口点的名称（由 ENTRY 指定，在本示例中为 _start）。然后它列出了输出文件中的区段（由 SECTIONS 指定）。每一个区段首先指定区段名（例如示例中的 .text、.data），在区段名后可以用一个数值指定这个区段的开始地址（这个参数是可选的）。因此可以看出，在输出文件中，.text 区段紧跟在文件头的后面，.text 区段包含了所有输入文件中的 .init 区段、所有的 .text 区段和所有的 .fini 区段。此外，链接器还定义了一个符号 etext，用于表示 .fini 区段结束位置的地址。然后脚本设置了 .data 区段，强制将其起始地址设置为 .text 区段结尾后按 4KB 对齐的地址 0x400000，该区段中包含了所有输入文件中的 .data 区段，并紧跟其结尾处定义了 edata 符号。.bss 区段紧跟 .data 区段的后面，它包括了所有输入文件中的 .bss 区段和公共块，并定义了 end 符号以表示 .bss 段的末尾（COMMON 是该链接语言的一个关键字，用于表示公共块）。后面的两个区段用于存储符号表项，其内容也是来自输入文件中相应的区段位置。这些区段在运行时不会加载（NOLOAD 标记），只有调试器会查看这些符号。在实际的使用中，链接器脚本语言要比这个简单的示例复杂得多。使用链接器脚本，可以完成多种复杂的链接任务，既能链接简单的 DOS 可执行程序，又可以链接 Windows PE 可执行程序，也可以支持覆盖等高级链接技巧。

4.7 嵌入式系统的存储分配

嵌入式系统的存储分配策略与前文分析的策略相近，只是由于程序所运行的地址空间变得更加复杂，链接过程也会相应地变复杂一些。嵌入式系统链接器提供的脚本语言可以让开发人员自主定义目标地址空间的区域划分，并将特定的段或目标文件分配到这些区域中，并可以指明各区域中每个段的地址对齐要求。

专用处理器（例如 DSP 等）的链接器还要支持处理器的特殊特性。例如，Motorola 5600X DSP 系列处理器要求循环缓冲区有特殊的对齐要求，对齐的单位不小于缓冲区的大小，而且必须是 2 的整数幂次。相应地，5600X 系列的目标文件格式为这些缓冲区定义了一个特殊的段类型，链接器会自动地将它们分配到正确的边界上，并且通过重新排列其他的段，以尽量减少因为对齐而制造出的空闲空间。

4.8 实际使用的存储分配策略

接下来，我们分析几种流行的链接器存储分配策略。

4.8.1 UNIX a.out 链接器的存储分配策略

在 ELF 格式使用之前，UNIX 链接器的存储分配策略只比本章开头的简单链接器示例稍微复杂一点。如图 4-8 所示，各个段的相关信息在链接之前都已经确定。每个输入文件具有

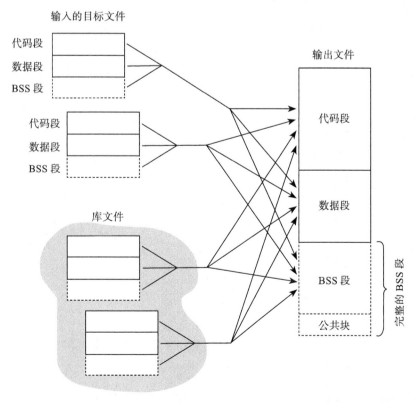

图 4-8　a.out 文件的链接过程示意。从输入的目标文件和库文件中提取相应的代码段、数据段、BSS 段和公共块，并将它们合并成三个大段

代码段、数据段和 BSS 段，也可能有伪装成外部符号的公共块。链接器从每个输入文件和库文件中收集代码段、数据段和 BSS 段的大小。在读取了所有的目标文件之后，任何无法解析的、初值不为零的外部符号都被放入公共块中，并被分配在 BSS 段的后面。

链接过程中，链接器可以直接为各个段分配地址。代码段总是从固定的位置开始。这个起始地址会根据 a.out 格式版本的不同而有所变化，最初的格式使用的是 0 地址，NMAGIC 格式使用的是 0 地址的下一页，QMAGIC 格式是一页再加上 a.out 头部。数据段可以直接跟在代码段的后面（早期不支持共享的 a.out 格式），也可以开始于代码段下一页的边界处（NMAGIC 格式）。在每种格式中，BSS 都紧跟在数据段后面。在每一个段内部，会将各输入文件中的段依次排列，但是输入文件的段总会在前一个段结尾后的字对齐处开始。

4.8.2　ELF 文件中的存储分配策略

ELF 链接的过程要比 a.out 复杂一些，因为输入文件中的各个段可以是任意大小的，链接器必须将输入文件中的段（在 ELF 术语中称为区段，section）转换为可加载的段（在 ELF 术语中称为段，segment）。链接器还要创建程序加载器需要的程序头，以及动态链接所需的一些特殊区段，如图 4-9 所示。

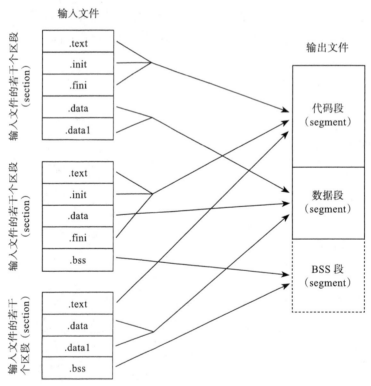

图 4-9　ELF 文件的链接过程示意。摘自 TIS ELF 文档 2-7 和 2-8 页。所示为输入中的段转换到输出中的段

ELF 格式链接过程输入的目标文件中也配有代码区段、数据区段和 BSS 区段，只是在这个特定的链接器中表示为 .text、.data 和 .bss。除此之外，通常还会包含 .init

和 .fini 区段（用于存储启动和退出时的代码），以及其他一些琐碎的东西。在某些编译器中还有 .rodata 区段和 .data1 区段，其中 .rodata 用来存储只读数据，而 .data1 则是在 .data 区段的行数太多时用作补充，有些编译器也有对应于 .rodata 区段的 .rodata1 区段⊖。在诸如 MIPS 这样地址偏移量受限的 RISC 系统中，还有 .sbss 区段和 .scommon 区段，即小型的 BSS 和公共块，有利于小型的对象组合成一个可以直接寻址的区域，类似于我们在讨论伪寄存器时提到的技术。在 GNU C++ 系统中，还会有 link-once 区段，用来标识不应该被多次重复链接的区段。根据类型的不同，这样的区段最终可能被链接入代码段、只读数据段或者是数据段。

如果不考虑如此众多的区段类型，那么链接过程与 a.out 格式的链接过程基本是一样的。链接器将各个输入文件和库文件中的同类型区段收集在一起。链接器还会标注出哪些符号会在运行时从共享库中解析，并创建 .interp 区段、.got 区段、.plt 区段和符号表区段来支持运行时链接（我们将在第 9 章中讨论这一过程的具体细节）。一旦这些操作都完成了，链接器会按照一个特定的顺序来分配空间。与 a.out 不同，ELF 格式不会在 0 地址加载任何东西，而是从地址空间的中间部位来加载，这样使得栈可以在代码段以下向下增长，堆可以在数据段末尾以上向上增长，以更加紧凑地利用地址空间。在 386 系统上，代码段的基地址是 0x08048000，将 0x08000000 以上，到代码段之间的空间留出来用作栈，这样既可以使得栈的空间足够大，又可以保证大多数程序可以只用一个二级页表就能表示这一片空间（回忆一下，在 386 上，每一个二级页表的节点可以映射大小为 0x00400000 的地址空间，即 4MB）。ELF 使用 QMAGIC 的技巧，将文件头包括到代码段内，所以实际的代码段起始于 ELF 头和程序头之后，大多数情况下位于文件偏移量 0x100 处。然后再将 .interp 区段（指向动态链接器的链接，需要先运行动态链接器才能完成所有的符号解析，然后才能正确运行后面的程序）、动态链接器符号表区段、.init 区段、.text 区段，以及 link-once 的代码区段和只读数据区段依次分配到代码段中。

数据段逻辑上起始于代码段结束后的下一个页（因为在运行时该页会同时被映射为代码段的最后一页和数据段的第一页）。链接器会将输入文件的 .data 区段和 link-once 的数据区段和 .got 区段。有一些平台上还会用到 .sdata 区段以存储小型数据，以及 .got 区段以存储全局偏移量表，它们也会被链接器分配到数据段中。

最后链接的是 BSS 区段，逻辑上它会紧跟在数据段的后面，由 .sbss 区段开始（如果存在的话，它应该出现在 .sdata 区段和 .got 区段的后面），然后是 BSS 区段和公共块。

4.8.3 Windows 链接器的存储分配策略

Windows PE 文件的存储分配策略比 ELF 文件还要简单一点，如图 4-10 所示，这是因为 PE 的动态链接模式需要链接器的支持较少，当然，作为代价，编译器需要承担更多的工作。

PE 可执行文件通常会被加载到 0x400000 地址处，这个地址也是代码段的起始地址。代码段包括输入文件中的代码段，还有初始化代码段和结束代码段。代码段之后紧接的是数据段。数据段的起始地址会对齐于磁盘逻辑块的边界（在 Windows 系统中通常磁盘块要小于

⊖　在新型的链接器、加载器中已经不再区分这种带编号的区段。——译者注

内存页，磁盘块是 512 字节或 1KB，而内存页是 4KB）。接下来是 BSS 段、公共块、.rdata 重定位调整信息（通常用于不能直接加载到预期目标地址的 DLL 库）、动态链接用的导入和导出表、以及其他段（诸如 Windows 资源等）。

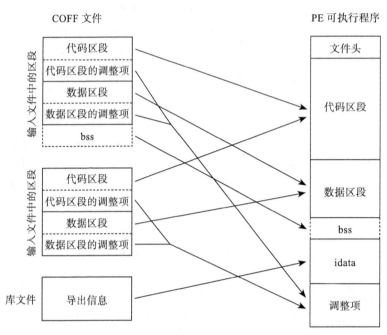

图 4-10　PE 文件的链接过程示意图。引自微软网站

PE 文件中还有一个特殊的段类型是 .tls，用于线程本地存储（thread local storage）。Windows 进程经常在并发活动控制中采用多线程。PE 文件中的 .tls 数据会分配给每一个线程，其中包括要初始化的数据块和线程启动 / 结束时要调用的函数表。

4.9　练习

1. 为什么链接器要将输入文件的各个区段汇集在一起，让同类型的区段一个跟一个的排列？保持它们原先的顺序和位置是不是更简单一些？

2. 在哪种情况下，链接器分配例程存储空间的顺序会对程序的执行结果产生影响？在我们的例子中，如果链接器按照 newyork、mass、calif、main 的顺序分配空间而不是 main、calif、mass、newyork 的顺序，这会有什么不同？（在后续章节讨论到覆盖和动态链接时会再次问到这个问题，所以这里可以先忽略它们。）

3. 多数情况下链接器会将相同类型的段顺序分配，例如，calif、mass 和 newyork 的代码段会一个跟着一个顺序排列，但对于公共块段，链接器则会将同名公共块重叠在一起，仅分配一块空间。为什么要这样处理？

4. 允许在不同输入文件中声明同名而不同大小的公共块是否是一个好主意？为什么？

5. 在例 4.1 中，假定开发员重写了 calif 例程，使得目标代码现在的长度为 0x1333。请重新计算分配的段地址。在例 4.2 中，假定由于重写了 calif 后数据段的大小变成了 0x975，

BSS 段的大小变成了 0x120，请重新计算分配的段地址。

4.10　项目

项目 4-1　扩展项目 3-1 中的链接器框架以实现简单的 UNIX 风格的存储分配。假定在这个
阶段我们只需要处理 .text 区段、.data 区段和 .bss 区段。在输出文件中，代码段
起始于 0x1000，数据段起始于代码段后下一个 0x1000 的倍数，BSS 段起始于数
据段后面 4 字节对齐处，链接器需要输出一个（不完整的）目标文件，按照 ELF
的格式标准定义各个段（简单起见，暂不需要考虑符号段、重定位段和数据段）。
在链接器中，记得要有一个数据结构用于记录和修改各输入文件中的各段都被分
配的地址，因为在后续章节的项目中会用到这些信息。使用例 2 中的简单例程来
测试分配器。

项目 4-2　实现 UNIX 风格的公共块。即，扫描符号表中所有初值非零的未定义符号，并为
它们分配合适的空间。这些空间被附加在 .bss 段中。暂时不必考虑调整符号表
项，我们会在下一章处理它们。

项目 4-3　扩展 4-1 中的分配器以处理输入文件中的任意段，合并所有名称相同的段。一个
可行的分配策略是将具有 RP 属性的段放在 0x1000 处，将具有 RWP 属性的段放
在下一个 0x1000 对齐的起始处，然后是 4 字节边界的 RW 属性段。将 .bss 中的
公共块紧跟在 RW 属性段后面分配。

扩展 4-3 中的分配器来处理输入文件中的任意段，将所有相同名称的段合并。作
为一个简单的分配策略，将所有 RP 属性的段以 1000 字节处作为起始地址依次存
放，然后在下一个 1000 字节的边界处依次分配带有 RWP 属性的段，再接下来在
后面 4 字节边界放 RW 属性的段。将 RW 属性的公共块放于 .bss 段中。

符号管理

符号管理是链接器的关键功能，主要用于实现不同模块之间符号的关联关系管理。如果不能解决模块之间的符号引用问题，那么链接器的其他功能也就没有什么太大的用处了。

5.1 符号名绑定和解析

链接器要处理各种类型的符号，还要处理各模块之间符号的相互引用。每个输入模块都有一张符号表。其中的符号包括：

- 当前模块中定义的全局符号（也可能在本模块中被引用）。
- 在本模块中引用但未被定义的全局符号（通常称为外部符号）。
- 段名称，通常被当作一个特殊的全局符号，用于标定段的起始位置。
- 非全局符号，通常用于调试或崩溃转储（crash dump）分析。链接过程中几乎不会用到这些符号，但有时候它们会和全局符号混在一起。在这种情况下，链接器可以识别并跳过它们，或者为它们在文件中创建一个单独的表，或者为它们创建一个单独的调试信息文件。（非全局符号是可选的。）
- 行号信息，用于调试过程中建立目标代码与源代码之间的对应关系。（行号信息是可选的。）

链接器读入输入文件中所有的符号表，并提取出有用的信息（有时就是不经加工，直接导入所有的输入信息），也就是链接过程中需要的信息，然后将它们汇集在一起建立一个面向链接过程的符号表。最后，链接器会将部分或全部的符号表信息放置到输出文件中，具体存储哪些信息是由输出文件的格式要求决定的。

某些格式会在一个文件中存在多张符号表。例如 ELF 共享库会有一个动态链接所需信息的符号表，以及一个更加详细的符号表用以支持调试和重链接。这种设计思路其实非常有效。动态链接过程所用到的符号，通常仅占整个文件全部符号的很少一部分，因此为它们创建一个独立的表可以加快动态链接的速度，也就是运行的速度。毕竟相比运行而言，调试或重链接一个库的机会还是很少的。

5.2 符号表的格式

链接器使用的符号表与编译器使用的相近。由于链接器用到的符号一般没有编译器的那么复杂，所以符号表通常也更简单一些。在链接器中会用到多张符号表。第一张符号表用于记录输入文件和库模块的文件信息。第二张符号表用于记录全局符号，也就是链接器需要在所有输入文件中进行查找、定位和解析的符号。第三个表用于记录模块内的调试符号，尽管少数情况下链接器也会为调试符号建立完整的符号表，但通常都只是将输入的调试符号直接传递到输出文件。

在链接器内部，符号表通常以数组形式来保存，每个符号的信息是一个表项，并通过一个哈希函数来定位表项；也可以是由指针组成的数组，用指针指向真正的符号信息项，同样使用哈希函数进行定位，当哈希值冲突时，所有冲突的项都以链表形式依次串接在后面如图 5-1。当需要在表中定位一个符号时，链接器根据符号名计算哈希值，将该值用桶的数目取模以定位到对应的桶（也就是说，当 h 为哈希值时，选取的桶是 symhash[h%NBUCKET]），然后遍历其中的符号链表以找到所要的符号。

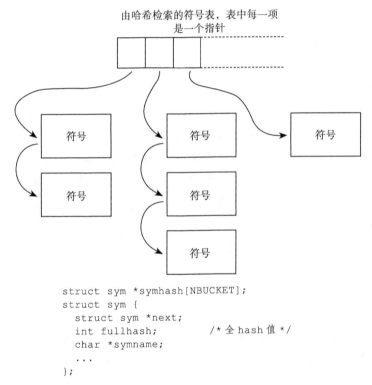

```
struct sym *symhash[NBUCKET];
struct sym {
  struct sym *next;
  int fullhash;          /* 全 hash 值 */
  char *symname;
  ...
};
```

图 5-1　符号表。符号可以直接组织成为一张表，也可以形成一张链表，符号以链表节点的
　　　　形式串接在表中。符号表通常使用哈希的方法进行检索

传统的链接器仅能支持较短的符号名称，例如，IBM 主机系统的符号为 8 个字符，早期多数 DEC 系统上使用的 UNIX 系统的符号为 6 个字符，甚至还出现过一些小型计算机的符号仅有 2 个字符（现已消失）。现代链接器支持的符号名称要长得多，一方面是由于开发人员倾向于使用更长的名称（在 COBOL 语言中虽然一直支持长符号名，但是要求仅使用符号名前 8 个字符就能够区分所有的符号，这同样会给开发人员造成困扰。），另一方面是因为编译器会将符号名称进一步加长，把一些类型信息通过编码加入符号的名称中。

早期的链接器由于名称长度有限，在查找哈希链表时会对每一个符号名称进行字符串比较，直到找到匹配项或遍历完毕。现在的程序经常会使用很多长符号名，它们仅在最后几个字符有区别,前面的字符都是相同的(例如,C++ 中自动生成的符号名会将类型信息放在尾部,前面是用户设定的符号名称,子类和父类的符号名的前半部分都是相同的),这使得字符串比较的开销变大。一个简单的解决办法是将符号名的哈希值也保存在符号表中,并且只在哈希值相同的时候才进行字符串比较[○]。在符号解析的过程中,如果出现了一个哈希表中无法找到的符号,链接器可能会为它创建一个新的符号并加入相应的链中,也可能会报错,具体的处理方式由符号解析的上下文决定。

5.2.1　模块表

链接器需要记录参与链接的每一个输入模块的信息,既包括明确指定的目标模块,也包括从库中提取出来的模块。图 5-2 展示了一个简化的 GNU 链接器的模块表结构,可以用于链接 a.out 目标文件。由于 a.out 文件的大部分关键信息都在文件头中,因此该表将文件头中的数据复制了过来。

```
/* 该文件名称 */
char *filename;
/* 用于表示代码段起始地址的符号名 */
char *local_sym_name;

/* 接下来的数据结构描述了文件内容的布局 */
/* a.out 文件的文件头部 */
struct exec header;
/* 调试符号段在文件内的偏移量,如果没有则为 0 */
int symseg_offset;

/* 描述从文件中加载到的数据 */
/* 文件的符号表 */
struct nlist *symbols;
/* 字符串表大小,以字节为单位 */
int string_size;
/* 指向字符串表的指针 */
char *strings;

/* 下面两项仅用于生成可重定位文件时 (relocatable_output 为真)*/
/* 或者用于输出未定义引用的行号 */

/* 代码和数据的重定位信息 */
struct relocation_info *textrel;
struct relocation_info *datarel;

/* 该文件的段与输出文件的关系 */

/* 该文件中代码段在输出文件中的起始地址 */
int text_start_address;
/* 该文件中数据段在输出文件中的起始地址 */
int data_start_address;
/* 该文件中 BSS 段在输出文件中的起始地址 */
int bss_start_address;
/* 该文件中第一个本地符号在输出文件符号表中的偏移量,以字节为单位 */
int local_syms_offset;
```

图 5-2　模块表

○　由于对哈希值取了模,尽管没有哈希冲突,但两个符号仍放在了一个桶里,这样比较哈希值可以代替字符串比较,但本身哈希函数的冲突仍需要字符串比较才能解决。——译者注

该表中还包含了三个指针，分别指向内存中的符号表、字符串表（在 a.out 文件中，符号名称字符串是在符号表外的一张单独的表中）和重定位表，同时还有计算好的代码段、数据段和 BSS 段在输出文件中的偏移量。如果该文件是一个库，每一个链接入库文件的成员还有自己的模块表表项（此处略去了相关细节）。

第一遍扫描中，链接器从每一个输入文件中读入符号表，通常是将它们直接复制到内存中。对于那些需要将符号名放在单独的字符串表的格式中，链接器还要将所有的符号名称读入，还要遍历符号表，将原来表项中记录的符号名字符串偏移量转换为指向内存中的名称字符串的指针，以便后续的处理更容易一些。

5.2.2　全局符号表

链接器中有一张全局符号表，其结构如图 5-3 所示。链接器的所有输入文件中定义或者引用的每一个符号，都会在表中对应一个表项。每次链接器读入一个输入文件，它会将该文件中所有的全局符号加入这张符号表中，并使用一个链表来记录符号定义或引用的位置。当第一遍扫描完成后，每一个全局符号应当仅有 1 个定义，0 个或多个引用（这里的描述略过了一些细节。因为 UNIX 目标文件会将公共块伪装成初值不为零的未定义符号，因此还是会有一些符号没有定义，但这是一个特例，链接器很容易处理它）。

```
/* 参考 GNU ld a.out */
struct glosym
  {
    /* 指向该符号所在 hash 桶中的下一个符号的指针 */
    struct glosym *link;
    /* 该符号的名称 */
    char *name;
    /* 全局符号的符号值 */
    long value;
    /* 文件中对该符号的定义和引用都是一个 nlist 结构，这里存储了一个 nlist 链表 */
    struct nlist *refs;
    /* 如果这个值不是零，则表示该符号是公共块，该值即公共块的最大尺寸 */
    int max_common_size;
    /* 如果这个值不是零，则表示全局符号是存在的。库程序的加载不受这个值的控制 */
    char defined;
    /* 如果这个值不是零，则表示已经找到一个文件引用了该全局符号。
    如果这个值大于 1，它表示的是该符号定义的 n_type 编码 */
    char referenced;
    /* 如果这个值是 1，表示该符号被定义了多次
    如果这个值是 2，表示该符号被定义了多次，其中一些是集合元素，并且有一个已经被打印出来了
    */
    unsigned char multiply_defined;
}
```

图 5-3　全局符号表

输入文件中的所有全局符号都会被加入全局符号表中，接下来链接器就可以将原来文件中的符号项链接到它们在全局符号表中对应的表项，这个过程如图 5-4 所示。在编译过程中，重定位项一般通过引用模块自己的符号表中的索引号来标识它指向的符号，而此时已经将所有的模块链接在了一起，因此链接器必须能够判断两个重定位符是否使用的是同一个符号。例如模块 A 中的第 15 个符号名为 fruit，模块 B 中的第 12 个符号同样名为 fruit，则链

接器需要知道它们是同一个符号。每一个模块都有自己的符号索引，也会建立自己的指针数组来索引自己的符号。

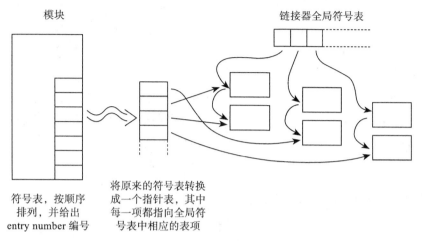

图 5-4　通过全局符号表来解析文件中的符号。模块中的每一个符号项原本指向输入文件的
符号表，现在需要将它们指向全局符号表中相应的表项

5.2.3　符号解析

在链接的第二遍扫描过程中，链接器在创建输出文件时会同时解析符号的引用。解析的细节与重定位（见第 7 章）非常类似，这是因为在多数目标文件格式中，重定位项会被实现为对程序中某些符号的引用，在运行时仍需要完成解析的过程。考虑一种最简单的情况，即链接器使用绝对地址来创建输出文件（UNIX 中链接器对数据的引用就是如此），那此时解析的过程就是用符号的地址来替换程序中对符号的引用。如果符号最终被分配到了地址 20486 处，则链接器将会对符号的引用替换为 20486。

实际情况要复杂得多。例如，引用一个符号就有很多种方法，可以通过数据指针访问，也可以将符号直接嵌入到指令中，甚至通过多条指令组合来完成访问。此外，链接器生成的输出文件本身通常还是可以再次链接的。这就是说，如果一个符号被解析为数据区段中的偏移量 426，那么在输出文件中引用该符号的地方不能简单地替换为 426，而要被替换为可重定位的表达方式，即 [数据段基址 +426]。

输出文件通常也拥有自己的符号表，因此链接器还要为它创建符号表。为此链接器需要再创建一个索引表，专门用于存储输出文件中需要保留的符号表，表中的每一项也是指向全局符号表的指针。然后，将输出文件中的重定位项的符号编号映射到这个新的索引表中。

5.2.4　特殊符号

很多系统还会用到一些链接器自己定义的特殊符号。例如，在 UNIX 系统中，链接器会专门定义 etext、edata 和 end 符号，分别用作代码段、数据段和 BSS 段的结尾。系统调用 sbrk()[⊖] 会将 end 的地址作为运行时内存堆的起始地址，这样可以保证堆使用的是已有数据和

⊖　sbrk 大量用于 malloc 的实现，其作用是改变数据段的大小。——译者注

BSS 后面的连续地址。

对于具有构造函数和析构函数的程序，很多链接器在每一个输入文件中创建相应的指针表以指向这些函数。这时，链接器会创建类似 __CTOR_LIST__ 这样的符号，编程语言的启动代码通过这些符号就可以找到这个指针表并依次调用其中所有的函数。

5.3　名称修改

符号在目标文件符号表和链接中使用的名称，与出现在源代码中的名称往往是有差别的。符号名被改变的主要原因有以下三个：避免名称冲突、名称重载和类型检查。将源代码中的名称转换为目标文件中的名称的过程称为名称修改。本节讨论 C、Fortran 和 C++ 程序中典型的名称修改技术。

5.3.1　简单的 C 和 Fortran 名称修改

在早期的（大约在 1970 年之前）目标文件格式中，编译器会将符号源代码中的名称直接用作目标文件中的名称，只在名称长度超出限制时会将名称截短。这种方法还算不错，但有时会出现源代码中的符号与编译器或库中预留的名称冲突的情况。例如，Fortran 程序中提供的 I/O 函数接口实际上会调用库中提供的读写程序进行设备操作。除此之外，库还用于提供一些运行时不宜直接内联的功能，例如处理算术错误、复杂算术计算的代码等。

上述这些函数，以及其他库函数的名称实际上都是保留名称，而通过编程开发人员可以知道有哪些符号名称是不能使用的。一旦错误地使用了符号名，就会出现运行时的错误。例如，下面这个简单 Fortran 程序可以使几个版本的 OS/360 系统崩溃：

```
CALL MAIN
END
```

为什么呢？ OS/360 系统的编程规定要求任何例程都要有一个名称，包括主程序在内，而主程序的名称为 MAIN。当一个 Fortran 的主程序（也就是 MAIN 函数）启动时，它调用操作系统设置一系列的算术错误陷阱以捕获运行时的算术错误。每一个陷阱捕获的响应函数都会在系统的符号表中分配一些空间。但上面这个程序在 MAIN 函数中不停地递归调用自己，每次就会创建一系列嵌套的陷阱调用，当系统的符号表超出存储空间大小时，系统就崩溃了。OS/390 在 OS/360 的 30 年后才出现，它虽然已经健壮了很多，但预留名称的问题仍然存在。在混合语言编程的程序中，这种情况会变得更糟。因为开发人员编写的所有代码都要小心地避开在任何编程语言的运行时库中已经用到的符号名称。

解决预留名称问题的方法之一是避免使用过程调用，而用其他机制来调用运行时库。例如在 PDP-6 和 PDP-10 上，对 Fortran 的 I/O 包的接口调用被实现为系统调用指令，再利用陷阱捕获这些指令以绕回到应用程序中从而真正意义上实现了调用的效果，而不用解析符号。这曾经是一个聪明的技巧，但是它仅能用于 PDP-6/10 架构，扩展性不是很好。一方面是因为没有办法在混合编程语言的代码中继续使用这些陷阱，另一方面，这种方法能够链接的函数量非常有限，仅能支持 I/O 包中所需的最基础的部分，难以再扩展，因为无法确定程序的输入模块是否还会遇到哪些陷阱。

UNIX 系统采取的办法是修改 C 和 Fortran 的过程（函数）名称，这样就不会因为开发人员的疏忽而与库和其他例程中的符号名称冲突了。C 语言中的函数名称在链接时会在前面增加下划线，所以 main 就变成了 _main。Fortran 的过程名称会在首尾各增加一个下划线，所以 calc 就成了 _calc_（这种设计方法的独特之处在于，可以在 Fortran 中调用 C 语言中名称末尾带有下划线的例程，这样就可以用 C 语言来编写 Fortran 的库）。这种策略唯一明显的缺点是将目标文件格式中允许的 C 语言的符号名称长度从 8 字节减少到了 7 字节，对 Fortran 则是减少到了 6 字节。在那个时候，Fortran-66 标准中要求符号的名称为 6 个字符，所以并没有什么问题。

在其他系统上，编译器设计者们采取了截然相反的方法。多数汇编器和链接器允许在符号中使用 C 和 C++ 标识符中禁用的字符，如 . 或者 $。运行库会使用带有禁用字符的符号名称来避免与应用程序的符号名称冲突，这样就不用再修改 C 或 Fortran 程序中的符号名称。两种方式都能解决问题，采用哪一种方式取决于开发人员的喜好。在 1974 年使用 C 语言重写 UNIX 的时候，当时的开发人员已经在大量使用汇编语言写成的库，比起修改已经存在的代码，修改新写出的 C 代码和其他配套代码中的符号名称要来的更容易一些。而到现在又已经过了 20 年了，汇编器的代码都已经被全部重写了 5 次了，编译器（尤其是用于创建 COFF 和 ELF 目标文件的编译器），也已经不再使用前缀下划线了。

5.3.2　C++ 类型编码：类型和范围

修改名称的另一个用处是将符号的访问范围和类型信息一并编码进符号名中，这样就可以用现存的链接器来链接处理 C++、Ada 和其他命名规则更加复杂的编程语言了。

在 C++ 程序中，程序员可以定义很多同名的函数和变量，只要变量的访问范围不同就不会产生冲突，函数则需要在参数类型上有所区别。一个程序中可以定义一个名为 V 的全局变量和一个类中的静态成员 C::V。C++ 允许函数名重载，即可以定义函数名相同但参数表不同的函数，例如 f(int x) 和 f(float x)。类（class）中可以定义函数，可以定义重载名称的函数，甚至可以为内嵌的操作符重新定义函数（即，一个类中可以包含一个函数，它的名称可以是 >> 运算符或其他运算符）。

C++ 最初是通过一个名为 cfront 的翻译器来实现的。cfront 读入 C++ 代码，并将其翻译生成 C 代码以使用已有的链接器。因此，cfront 通过修改 C++ 中的符号名称，使之能够与 C 语言编译器的符号命名规则相兼容，从而使得编译器和链接器可以不必过多地修改就能处理 C++ 的代码。对于链接器而言，它只需要将名称完全匹配的符号链接在一起即可，与 C 语言的链接一样。从那时开始，几乎所有的 C++ 编译器都形成了同样的标准化路线，即使用直接生成的方式生成目标代码或至少是汇编代码，然后通过名称修改技术解决名称冲突。在现代链接器中，我们已经很清楚名称修改的规则，因此在发出报错信息时会恢复修改前的符号名称以方便开发人员定位错误，但如果无法恢复原来的符号名时还是会显示修改过的名称。

主流的 C++ 手册都描述了 cfront 使用过的名称修改技术，虽然在不同的实现中还有一些微小变化，但这种修改策略现在已经成为 C++ 中的事实标准。我们在这里对这些规则进行简单介绍。

C++ 的类之外的数据变量名称不会进行任何的修改。一个名为 foo 的数组修改后的名称仍为 foo。与类无关的函数，修改后的名称后增加了参数类型的编码。参数类型编码的前缀为 __F，后面跟着的是表示参数类型的字母串。图 5-5 列出了不同类型的表示方法。例如，函数 func(float, int, unsigned char) 的符号名会变成 func__FfiUc。类的名称会被当作是一种数据类型来处理，其编码为类名的长度数字后面跟类的名称，例如 Pair 类的类名编码为 4Pair。类的内部还可以包含子类，子类也可以多级嵌套，这种限定性（qualified）的名称在编码时使用首字母 Q，然后用一个数字标明该成员的级别，然后是编码后的类名称。因此 First::Second::Third 就变成了 Q35First6Second5Third。这意味着采用两个类的对象作为参数的函数 f(Pair, First::Second::Third) 就变成了 f__F4PairQ35First6Second5Third。

类型	字母
void	v
char	c
short	s
int	i
long	l
float	f
double	d
long double	r
varargs	e
unsigned	U
const	C
volatile	V
signed	S
指针	P
引用	R
长度为 n 的数组	An_
函数	F
指向第 n 个成员的指针	MnS

图 5-5   C++ 符号名称调整时类型的字符表示

类的成员函数编码为：先是函数名，然后是两个下划线，接着是编码后的类名称，然后是字母 F 和参数表，所以 cl::fn(void) 就变成了 fn__2clFv。运算符也被当成了一种特殊的函数，它们的名称编码是固定的，一般是 4 到 5 个字符，例如 "*" 对应的函数名是 __ml，"|=" 对应的函数名是 __aor。还有一些特殊的函数，例如构造函数、析构函数、new 和 delete 运算符，它们的编码为 __ct、__dt、__nw 和 __dl。因此一个 Pair 类的构造函数，如果它有两个字符指针做参数，即 Pair(char *, char*)，它的符号名称就成成了 __ct__4PairFPcPc。

最后，由于修改后的名称会变得很长，因此当函数中有多个相同类型的参数时，还有两种简捷的编码方式。编码 Tn 表示 "与第 n 个参数的类型相同"，Nnm 表示 "有 n 个参数与第 m 个参数的类型相同"。因此函数 segment(Pair, Pair) 的名称就成了

segment__F4PairT1，而函数 `trapezoid(Pair, Pair, Pair, Pair)` 的名称就是
`trapezoid__F4PairN31`。

名称修改可以为每一个 C++ 的对象和函数等提供唯一的名称，确保互不冲突，但相应的代价就是符号名变得冗长，同时也使得错误信息和符号表列表（在没有链接器和调试器支持下）难以理解。C++ 有一个本质上的问题是它的命名方式非常灵活，导致它的名称空间相当巨大。任何 C++ 对象名称的编码策略都会变得和这里介绍的名称修改技术差不多复杂，而现在的名称修改技术的优势在于至少还有一些人可以读懂它。

在名称修改技术出现的早期，用户经常会发现虽然链接器在理论上支持长名称，但实际上长名称效果并不是很好。特别是存在大量的长名称仅有最后几个字符不同的情况，这些程序的链接性能会变得非常糟糕。幸运的是，符号表的处理算法很好理解而且易于优化，现在的链接器已经可以顺利且高效地处理长名称了。

5.3.3　链接时类型检查

虽然名称修改在 C++ 出现后才流行起来，但链接器类型检查的思想由来已久（作者第一次见到这一技术是在 1974 年的 Dartmouth PL/I 链接器上）。链接器类型检查的想法非常简单。多数语言在声明过程（函数）时都定义了参数的类型。如果调用者没有为被调用的过程传递其期望的参数个数或参数类型，那就是一种使用错误。但是，如果调用者和被调用者在不同的文件中编译，这种错误是非常难以察觉的。实际上，每一个全局函数的符号都会用一个字符串表示它的参数类型和返回值类型，在过程调用（引用）处和函数声明（定义）处都会有这样的符号，区别只是调用者处是未定义的，声明处是已定义的，它们的表示方法与名称修改中 C++ 表示参数类型的方式相近，因此链接器是可以实现类型检查的。在链接器解析一个符号时，它将引用处的类型字符串与符号定义处的类型字符串进行比较，如果不匹配则报错。这个策略的好处是链接器根本不需要理解类型编码的含义，仅仅比较字符串是否相同就可以了。

即使在一个支持 C++ 名称修改的环境中，虽然并不是所有的 C++ 类型信息都会被编码到修改后的名称中[⊖]，但是这种类型检查仍然非常有用。使用类似的策略，我们也可以检查函数返回值类型、全局数据类型等。

5.4　弱外部符号和其他类型的符号

到目前为止，我们遇到的全局符号的使用方式都是相同的，每当遇到一个符号名称，要么是符号的定义，要么是对符号的引用。很多目标文件格式还会将引用分为弱引用或者是强引用。强引用必须被正确地解析，而弱引用则是存在定义就解析，如果不存在定义也不认为是错误。链接器处理弱引用的方式与强引用很相似，只是在第一次扫描结束后，没有定义的弱引用不会报错。通常链接器会将未定义的弱符号定义为 0，这是一个应用程序代码可以检查其合理性的数值。弱符号在链接库的过程中是非常有用的，我们将在第 6 章进行讨论。

　　⊖　返回值类型没有编码。——译者注

5.5　维护调试信息

现代编译器都支持源代码级的调试，即程序员可以基于源代码的函数和变量名称来调试目标代码，例如设置断点和单步跟踪等。要实现这样的细节调试，需要编译器将调试信息插入目标文件来支持。调试信息包括源代码行号到目标代码地址的映射，并描述了程序中用到的所有函数、变量、类型和数据结构信息。

UNIX 使用了两种截然不同的调试信息格式，一种是 stab 格式（符号表 symbol table 的缩写），主要用在 a.out 格式、COFF 格式和 System V 之外的 ELF 文件格式中；另一种是 DWARF 格式，主要用在 System V 的 ELF 文件中。微软为它们的 Codeview 调试器定义了自己的格式，最新的版本是 CV4。

5.5.1　行号信息

基于符号的调试器需要将程序地址和源代码的行号对应起来。这样就可以在调试时将用户在源代码行号上设置的断点放入代码的适当位置，并可以让调试器将调用堆栈中的程序地址转换成错误报告中的源代码行号。

只要不进行代码的优化编译，加入行号信息是很简单的。代码的优化编译过程中会去除一些代码，导致目标文件中生成的代码序列与源代码的行号不匹配。

在编译器处理源代码的过程中，每次处理源代码中的一行，为其生成目标代码的同时，编译器还会产生一个行号项（其中包含了行号和目标代码的开始位置）。如果一个指令的地址处于两个行号项之间，调试器会报告两个行号中较小的那一个。行号还需要与文件名称相关联，即可以是源文件也可以是头文件。在有一些格式中，编译器会创建一个文件列表并将文件在这个列表中的索引号放入每一个行号项中，以减少文件名的存储空间。也有一些格式里，通过在行号列表中使用 " begin include " 和 " end include " 项来维护一个文件之间跳转关系的栈，从而让所有的行号项都能找到正确的定位。

当启用了编译器优化时，就不再根据连续的语句依次生成代码了。此时，一些目标文件格式（特别是 DWARF）会让编译器将目标代码中的每一个字节与源代码中的一行建立映射关系，这会占用进程的大量空间。而其他格式则仅仅产生一个大概的位置。

5.5.2　符号和变量信息

编译器还要为每一个程序变量生成名称、类型和位置信息。调试符号信息某种程度上要比名称修改更为复杂，因为它不仅要对类型名称编码，还需要包含数据结构的具体定义，这样才能保证调试器能够正确处理一个数据结构中的所有成员变量。

符号信息通常会组织成一个类型树的结构。在每一个文件中，最顶层是定义在最外层的若干个类型、变量和函数，这些元素会作为一个子树的最顶层，在下面会保存着它们的数据结构的成员、或函数内部定义的变量，诸如此类。在函数内部，使用 " begin block " 和 " end block " 的标志附加上行号信息以标识函数体的范围，这样调试器就可以分辨出程序中每一个变量的范围了。

符号信息中最有趣的部分是位置信息。例如，静态变量的位置不会改变，但一个例程中的局部变量可能是静态的，这个局部变量可能在栈里、在寄存器里、在优化后的代码里，甚至在例程的不同部分可能会从一个地方移动到另一个地方。调试器需要随时能够定位这个变量的位置。再比如，在多数体系结构上，标准的例程调用过程会为每一个嵌套的例程维护保存栈指针和栈框指针，并将它们相互链接形成一个链条。每个例程中的局部栈变量存放在相对于其栈框指针的固定偏移量处。在递归例程调用的最后一层，或者没有分配局部栈变量的例程中，一个通常使用的优化措施就是不再保存栈框指针。调试器就必须清楚这些细节，才能正确解析栈的调用轨迹，以及在没有栈框指针的例程中定位局部变量。例如，Codeview专门保存了一个没有栈框指针的例程组成的队列，以方便调试的过程。

5.5.3　实际的问题

多数情况下，链接器仅仅传递调试信息而不必对其进行解析，但链接过程中可能会因为重定位段的相对地址而做一些简单调整。

链接器需要探测和去除重复调试信息。在 C 和某些特定的 C++ 版本中，程序通常都会有一系列头文件用于定义类型和声明函数，每一个源文件如果用到了这些定义和声明，就会引用这个头文件。

编译器会为源代码文件包含的所有头文件中的全部内容都生成调试信息。这意味着如果某个特定的头文件被 20 个编译链接到一起的源文件所包含的话，那链接器将会收到该文件的 20 份同样的调试信息。虽然保留这些冗余信息并不会给调试器的工作带来任何麻烦，但程序开发的过程中通常会有大量头文件（尤其是在 C++ 中），这意味着重复的信息量是相当巨大的。其实链接器可以设计一些技巧，在保证正确性的前提下丢弃掉重复的部分，这样既可以加快链接器和调试器的速度，也可以节省空间。某些情况下，编译器会将调试信息直接放到文件或数据库中供调试器读取，而绕过了链接器。在这种情况下，链接器就只需要记录和修改源文件中的各个段的相对位置信息，正确地处理跳转表之类的数据即可。

当调试信息存储在目标文件中时，有时候会将调试信息和链接器的符号表混杂在一个大的符号表中，也有的时候会使用相互独立的表。很多年来，UNIX 系统一点一点地增加了编译器中的调试信息，最后就变成了现在这样一个巨大的符号表。其他一些格式，例如微软的ECOFF 格式，倾向于将链接器符号、调试符号和行号信息分开处理。

有时调试信息会存储到输出的目标文件中，有时会输出到一个单独的调试文件，有时两者都会有。将所有调试信息都放到输出文件中的做法有一个显而易见的好处，就是调试程序所需要的信息都存放在一个地方。明显的缺点就是这将导致可执行程序体积变得非常庞大。同样，如果调试信息被分离出去，构建最终版本的程序的过程就变得非常容易，在商业发行时也可以简单地删除调试信息对应的文件即可。这会减小发布程序的大小并增加逆向工程的难度，而且只要开发者还保存着发行软件所对应的调试信息，就仍然可以调试这些软件。UNIX 系统有一个 strip 命令，可以用于删除一个目标文件中的调试符号，而不改变任何代码。开发者可以保存未 strip 的文件并发布 strip 过的版本。即使这种情况下两个文件是不同的，但运行代码是一样的，并且调试器可以通过未进行 strip 的文件中的符号来调试 strip 过版本生成的核心转储（core dump）文件。

5.6 练习

1. 写一个有很多函数的 C++ 程序，使这些函数修改后的名称只有最后几个字母不相同。看看需要多久才能完成编译。将它们调整为修改后名称的头几个字母就有差别，再次计算编译和链接的时间。你需要升级你的链接器吗？

2. 研究一下你喜欢的链接器所使用的调试符号格式（在参考文献部分列出了一些线上资源）。写一个程序将调试信息从一个目标文件中导出来，试试看借助它们你可以恢复多少程序的源代码。

5.7 项目

项目 5-1   扩展链接器来处理符号名解析。让链接器从每一个文件中读取符号表，并创建一个全局符号表供后续链接工作使用。全局符号表中的每一个符号要包括名称、该符号是否已被定义，以及哪个模块定义了它。注意要检查未定义的符号和重复定义的符号。

项目 5-2   为链接器添加符号值解析功能。由于多数符号都是相对于输入文件的段定义的，它们的数值需要根据每个段被重定位后的地址来进行调整。例如一个符号定义为某文件中代码段内偏移量为 42 的位置，而该段被重定位到 3710，则该符号的值要调整为 3752。

项目 5-3   完成项目 4-2 的工作：处理 UNIX 风格的公共块。为每一个公共块确定其位置。

库

所有的现代链接器都可以处理库。库是一个目标文件的集合，它可以根据被链接程序的需要按需加载。本章我们只涉及传统的静态链接库，更为复杂的动态链接库将在第 9 章和第 10 章中介绍。

6.1 库的目的

库的雏形在 40 年代和 50 年代早期就已经出现了。当时软件工作室会将成圈的磁带或者成叠的卡片做成存档，开发人员可以查看并选择例程加入他们自己的程序中。在加载器和链接器能够解析符号引用后，使得可以从库中选择例程来解析未定义符号，并将其自动加到程序中。开发人员查找存档和加载的过程也就成了一个自动化的过程。

从本质上说，库文件就是由多个目标文件聚合而成的，通常还会加入一些目录信息以便快速查找，但实际实现的细节信息总是会比基本思想复杂得多。本章将逐步深入讲解这些相关知识。在本章中，我们使用"文件"表示一个单独的目标文件，"模块"表示被包含到库中的一个目标文件。

6.2 库的格式

最简单的库格式就是将目标模块顺序排列。在磁带和纸带这类顺序访问介质上，为库中的模块增加目录的意义不大，由于链接器顺序地读过所有的内容，因此跳过库成员和将它们读入的速度差不多。但在磁盘上，目录可以相当显著地提高库的搜索速度，现在已经成为库的标准组件之一。

6.2.1 使用操作系统

OS/360 及其后续型号，包括 MVS[⊖]在内，都提供了分区数据集（Partitioned Data Set, PDS）的功能。PDS 中包含了多个命名成员，其中每一个成员都可以当作一个顺序文件。同时，这一系统也提供了丰富的特性，包括为一个成员提供多个别名，在程序运行期间将多个 PDS 合并成一个逻辑的 PDS 来处理，枚举一个逻辑 PDS 中的所有名称，还有对 PDS 中的成员进行读写操作。成员名称长度为 8 个字符，但是这个长度经常会与链接器的外部符号长度不一致。为此，在 MVS 中引入了一种扩展的 PDS，又称为 PDSE，它的符号名称最长可以支持 1024 个字符，很大程度上方便了 C、C++ 和 COBOL 程序的处理。

⊖ 这是 IBM 大型机操作系统的一种，发行时间在 OS/360 和 OS/390 之间。——译者注

一个链接库就是一个 PDS，它的每一个成员就是一个目标文件，成员的名称就是目标文件的入口点。对于那些定义了多个全局符号的目标文件，在构建库时会为每一个全局符号手动创建一个别名。在链接的过程中，链接器会搜索逻辑 PDS 的成员名称，寻找能与未定义符号的名称相匹配的成员。这种方法的好处是不需要对目标库文件进行额外的修改操作，对于 PDS 来说标准的文件操作工具就可以胜任了。

其实在类似 UNIX 的操作系统上的链接器也可以采用相同的方法来处理库：库可以是一个目录，库中的成员就是目标中的一个个目标文件，目标文件中的每一个全局符号都有一个文件与之相对应⊖。虽然听起来是可行的，但从未见过有人这么做。

6.2.2 UNIX 和 Windows 的归档文件

UNIX 链接器库使用的库格式又被称为归档（archive）格式。它实际上可以用于打包聚合任何类型的文件，但实践中很少用于其他地方。在库文件的内部，首先是一个归档文件头部，然后依次存放每一个目标文件的文件头和文件内容。早期的归档文件没有符号的索引目录，只有一系列的目标文件，但后续版本就出现了多种类型的索引并一直沿用了数十年。在前十年的 BSD 系统中使用的格式是一个文本的归档文件头和一个名为 __.SYMDEF 的目录。在 System V.4、BSD 的后期版本以及 Linux 系统中则使用 COFF 格式和 ELF 库，它们使用的是一个文本的归档文件头，通过扩展使其支持长文件名，再加上一个名为"/"的目录。Windows 的 ECOFF 库使用了和 COFF 库相同的归档文件格式，只是目录的格式不同，但目录仍然是 /。

所有的现代 UNIX 系统都采用了相同的归档文件格式，如图 6-1 所示，可能会存在一些细微的差异。该格式在文件头部中只使用了文本字符，这意味着文本文件的归档文件仍然是文本属性的（尽管在实践中这个特性并没有太大的用处）。归档文件的开始处是 8 个固定的字符组成的标志性字符串：!<arch>\n，其中 \n 是换行符。对于每一个包含在归档文件中的成员，都会为它附加一个 60 字节的头部，其中会包含以下信息：

- 成员名称，补齐到 16 个字符（补齐的规则在后文解释）。
- 修改时间，由从 1970 年 1 月 1 日 0 时起到当前时间走过的秒数，用十进制数表示。
- 用户 ID 和组 ID，用十进制数表示。
- UNIX 中的文件权限模式，用八进制数表示。
- 文件大小，以字节为单位，用十进制数表示。如果文件大小为奇数，那么在文件的内容中补齐一个换行符使其变成偶数，但这个补齐的字符不会计算在文件大小中。
- 保留的两个字节，依次是引号和换行符。这样就可以让整个头部变成一行文本，最终以换行符结尾。这也可以用来简单地验证当前数据头的有效性。

可以看到的是，每一个成员头部都会包含修改时间、用户 ID、组 ID、文件模式等信息，但是最终链接器都会将它们忽略。

⊖ UNIX 中的符号链接等机制使得一个文件可以有多个文件名，这样可以为一个目标文件创建多个符号链接，链接的名称就是符号名。——译者注

```
文件头:
!<arch> \ n
成员头部:
char name[16];     /* 成员名称 */
char modtime[12];  /* 修改时间 */
char uid[6];       /* 用户 ID */
char gid[6];       /* 组 ID */
char mode[8];      /* 八进制文件模式 */
char size[10];     /* 成员大小 */
char eol[2];       /* 保留空间, 引号和换行符 */
```

图 6-1　Unix 归档文件格式

如果成员名称是 15 个字符或更少，则会用空格将它补齐为 16 个字符。在 COFF 或 ELF 的归档格式中，会在成员名后先加上一个斜杠，然后再用空格补齐为 16 个字符（UNIX 和 Windows 中都使用斜杠来分隔文件名称）。这种归档文件和 a.out 文件格式配合使用，不支持长度大于 16 个字符的成员名称。与之对应的，在 BSD 之前的 UNIX 文件系统中也不支持长度大于 14 个字符的文件或目录名称。（某些 BSD 归档文件格式确实可以支持更长的文件名称，但是由于链接器不能准确处理更长的名称，因此并没有得到广泛应用）。在后期的 COFF、ELF 和 Windows 的归档文件中，名称长度超过 16 的名称字符串保存在一个名为 "//" 的归档成员中。在该成员中，超长的符号名称会依次保存并用专门的分隔符隔开，在 UNIX 下的分隔符是由斜杠、换行组成，在 Windows 下则是由空字符 NULL 进行分隔。对于一个名称长度超过 16 字符的成员，其对应的成员头的名称域中保存着一个斜杠和一个数字，这个数字表示的是该成员真正的名称串在 // 成员中的偏移量。在 Windows 的归档文件中，// 成员必须是整个归档文件的第三个成员。在 UNIX 系统中如果没有长名称则该成员无须存在，但如果有长名称的话，它会跟在符号目录的后面。

虽然符号目录的格式多少有些不同，但功能上都是相似的。目录中保存的是各符号名称与成员位置的对应关系，以便链接器可以直接定位到它所需要的成员处并进行读取。

a.out 的归档文件将目录存储在一个称为 __.SYMDEF 的成员中，如图 6-2 所示。目录成员必须是归档文件的首个成员。目录的前 4 个字节用于保存符号表的长度，单位是字节，因为每个符号表项占 8 个字节，因此符号表中的项数是这个数值的 1/8。紧随符号表后的 4 个字节用于表示随后的字符串表的大小，然后接着是字符串表。字符串以空字节结尾。每个符号表项包含两个成员，symbol 是该符号名称在字符串表中的偏移量，member 则定义了该符号的成员头部在文件中的位置。符号表项的顺序通常与文件中各成员的顺序相同。

```
int tablesize;        /* 表示随后符号表的大小, 以字节为单位 */
struct symtable {
  int symbol;         /* 在字串表中的偏移量 */
  int member;         /* 成员指针 */
} symtable [];
int stringsize;       /* 表示随后字串表的大小, 以字节为单位 */
char strings[];       /* 多个以空字符结尾的字串 */
```

图 6-2　SYMDEF 目录格式

COFF 和 ELF 的归档文件格式使用了另一个不可能出现在文件名中的符号 "/" 作为符

号目录的名称（没有采用 ___.SYMDEF），并使用了一种更简单的格式，如图 6-3 所示。目录中的前 4 个字节用于表示符号个数。随后是一个偏移量数组，表示的是每个文件成员在归档文件中的偏移量，然后是一个字符串数组，每一个字符串都以空字符结尾。两个数组中的元素一一对应，分别用于表示符号在文件中的位置和符号的名称，例如，偏移量数据的第一个元素描述的是归档文件的第一个符号的位置，字符串表中的第一个字符串则定义了归档文件的第一个符号的名称，以此类推。无论当前体系结构使用哪种字节序，COFF 归档文件通常会采用大端序法（big-endian）来保存数据。

```
int nsymbols;        /* 符号个数 */
int member[];        /* 成员偏移量数组 */
char strings[];      /* 符号名称的字符串数组，字符串以空字符结尾 */
```

图 6-3　COFF/ELF 目录格式

微软的 ECOFF 归档文件中在前面的基础上又增加了一个新的目录成员，如图 6-4 所示。虽然格式与前面的不同，但是名称也定为"/"，反倒增加了系统的复杂度。

```
int nmembers;        /* 成员偏移量的个数 */
int members[];       /* 成员偏移量数组 */
int nsymbols;        /* 符号的个数 */
ushort symndx[];     /* 成员偏移量的指针数组 */
char strings[];      /* 符号名称，按字母顺序排列 */
```

图 6-4　ECOFF 的第二个符号目录

ECOFF 目录首先用 4 个字节存储成员偏移量的个数 nmembers，跟在其后的是成员偏移量的数组 members，数组的每个元素对应一个成员在归档中的位置。接下来依次是符号项个数 nsymbols、成员偏移量的指针数组 symndx（每一项占两字节，用于存储该符号对应的信息在 members 数组中的下标），以及符号名称的字符串数组 strings，字符串仍然以空字符结尾，这些字符串按照字母顺序排列。成员偏移量指针 symndx 与 strings 中的符号顺序一一对应。symndx 记录的符号的偏移量在 members 数组中的位置（下标从 1 开始）。例如，如果要定位与第 5 个符号相对应的成员，就可以去查找指针数组 symndx 中的第 5 项，从中取出一个索引值，用其从成员偏移量数组 members 中找到对应该符号的偏移量。理论上经过排序的符号可以进行快速查找，但在实际中速度的提升并没有（预计的）那么大，因为链接过程中需要处理的符号很多，最终链接器通常还是会多次扫描整个表来查找到所有要加载的符号。

6.2.3　扩展到 64 位

即使一个归档文件包含 64 位架构的目标文件，只要归档文件大小没有超过 4GB，就无须为 ELF 和 ECOFF 改变归档文件格式。不过有一些对 64 位架构的支持方案中使用了不同的符号目录格式和成员名称（例如 /SYM64/）。

6.2.4　Intel OMF 库文件

我们最后分析的库文件格式是 Intel OMF 库文件。同样，这个库也是一系列的目标文件和一个符号目录构成的。与 UNIX 库不同的是，目录位于文件的尾部，如图 6-5 所示。

图 6-5   OMF 库

这种格式的库起始是一个 LIBHED 记录，其中包含了 LIBNAM 在文件中的偏移量，偏移量采用 Intel ISIS 操作系统使用的（block, offset）格式来表示。LIBNAM 记录是一个模块名称的列表，每个名称都是一个字符串，在字符串之前还有一个字节用于标识该串的长度。LIBLOC 记录包含了由（file, offset）对组成的平行列表，用于标识对应的各个模块在文件中的起始位置。LIBDIC 是一个字符串列表，列表中的每个字符串前面增加了一个字节用于标识该串的长度，同时这些字符串按照所属模块进行分组，每个字符串组的末尾有一个空字节用于分隔当前字符串组与后续字符串组。

虽然这种格式有点晦涩，但是必要的信息它都有，而且还能工作得很不错。

6.3   创建库文件

每种归档文件格式都有它自己的创建库文件的方法。根据操作系统对归档格式支持程度的不同，库的创建过程会涉及方方面面的细节，例如标准系统文件管理程序、库相关的特定工具软件等。

IBM MVS 的库可以通过标准的 IEBCOPY 工具来创建，该工具可以创建分区数据集（PDS）。UNIX 库由 ar 命令来创建，它可以将多个文件合并为归档文件。对于 a.out 格式的归档文件，有一个名为 ranlib 的独立程序可以用来生成符号目录。它可以从每个成员中读取符号并汇总，创建 ___.SYMDEF 成员并将其放入文件中。原则上说 ranlib 也可以将符号目录创建为一个单独的文件然后调用 ar 命令将该文件加入归档文件中，但实际操作中 ranlib 会直接操作归档文件。对于 COFF 和 ELF 归档文件，ranlib 创建符号目录的功能被转移到了 ar 中。ar 可以创建没有目标代码模块的归档文件，当有成员是目标代码模块的时候，它会为这些成员生成符号目录。

OMF 和 Windows ECOFF 的归档文件是由专门的库管理程序创建的，因为除了目标代码库外这些归档格式不会被用在其他任何地方。

库创建中有一个小问题是目标文件的顺序，尤其是对那些不具有符号目录的古老格式，顺序就显得格外重要。在 ranlib 出现之前的 UNIX 有一对工具程序叫作 lorder 和 tsort，用于创建归档文件时进行一些调整。lorder 程序的输入是一系列的目标文件（而不是库），输出是一个依赖性列表，其中记录了一个文件依赖于其他文件中的哪些符号（这并不难，经典的 lorder 代码实现是一个 Shell 脚本，它首先使用符号显示工具将所有符号都提取出来，对这些符号进行少许的文字处理，然后使用标准的 sort 和 join 程序就能够得到所需要的输出）。tsort 对 lorder 的输出进行拓扑排序，产生一个排序后的文件的列表，使得符号在所有对它的引用后面来定义，这就可以通过对该文件的一次顺序扫描来解析所有的未定义引用。lorder 的输出会被用来控制 ar。

尽管现代的库文件中的符号目录已经不再要求链接过程中各个目标模块的顺序，但大多数库仍然会使用 lorder 和 tsort 来进行处理并创建库，以提高链接过程的速度。

6.4 搜索库文件

一个库文件在创建后，链接器还要能够对它进行搜索。库的搜索通常发生在链接器的第一遍扫描时，在读入所有的输入文件之后。如果一个或多个库具有符号目录，那么链接器就将目录读入，然后根据链接器的符号表依次检查每个符号。如果在目录中找到链接器的符号表中的某个符号被使用但是未定义，那么链接器就会将符号所属文件从库中提取出来，并包含进链接的文件中。仅将文件标识为稍后加载是不够的，链接器必须像处理那些在显式被链接的文件中的符号那样来处理库里各个段中的符号。段会记入段表，符号（包括定义的和未定义的）会记入全局符号表。一个库的例程引用了另一个库中的例程是相当普遍的现象，例如，printf 这样的高级 I/O 例程会引用像 putc 或 write 这样的低级例程。

库的符号解析是一个迭代的过程，在链接器对目录中的符号完成一遍扫描后，如果在这遍扫描中它又从库中提取进来了新的文件，那么就需要再进行一次扫描来解析新加入的文件所需的符号，直到对整个目录彻底扫描后不再需要加入新的文件为止。并不是所有的链接器都这么做的，很多链接器只是对目录进行一次串行的扫描，这就会导致链接器无法获取库中一个文件对前面已经扫描过的文件的反向依赖。使用 tsort 和 lorder 这样的程序可以尽量减少由于一遍扫描给链接器带来的困难。在实际使用中，开发人员常常使用手动控制的方式，显式地将相同名称的库在链接器命令行中列出多次，以强制链接器进行多次扫描并解析所有符号。

UNIX 链接器和很多 Windows 链接器在命令行或者控制文件的输入列表中，可以支持将目标文件和库混合在一起，然后依次处理，这样程序员就可以控制目标代码并搜索库的链接和加载顺序了。原则上这可以提供相当大的弹性，甚至可以通过将同名私有例程列在库例程之前以使得库例程中调用到自己的私有同名例程，在实际中这种排序的搜索并没有体现出太大的价值。开发人员的链接顺序几乎是一成不变的，首先列出他们自己的所有目标文件，然后是与应用程序相关联的库，然后是数学、网络等相关的系统库，最后是标准系统库。

当程序员们使用多个库且库之间存在循环依赖的时候，经常需要将库列出多次。就是说，如果一个库 A 中的例程依赖一个库 B 中的例程，但是另一个库 B 中的例程又依赖了库 A 中的另一个例程，那么从 A 扫描到 B 或从 B 扫描到 A 都无法找到所有需要的例程。当这种循环依赖发生在三个或更多的库之间时情况会更加糟糕。这时开发人员需要显式地告知链接器去按照 A B A 的顺序搜索，或者 B A B，甚至有时为 A B C D A B C D。这种方法看上去很丑陋，但是确实可以解决这个问题。由于在库之间几乎不会有重复的符号，因此 IBM 的大型主机系统链接器或者 AIX 链接器就简单地将库中所有的内容汇集成一个组然后一起搜索，这确实可以大幅度地降低开发人员的负担。

应用程序有时候会重新定义一些库函数，一种典型的场景是重定义 malloc 和 free 以实现自己的堆内存管理。此时开发人员希望链接器采用自己的私有版本，而不是标准的系统库版本。在这种情况下，有的链接器可以支持一些专门的标记以注明"不要在库中搜寻这些符号"，但是更好的方法是在搜索顺序中将私有的 malloc 放在公共版本之前。

6.5　性能问题

库相关操作的主要性能问题是花费在顺序扫描上的时间。在符号目录成为标准之后，从一个库中读取输入文件的速度就和读取单独的输入文件没有什么明显差别了，而且只要库是拓扑排序的，那链接器基于符号目录进行扫描时很少会超过一遍。

如果一个库有很多小尺寸成员的话，库搜索的速度也会很慢。一个典型的 UNIX 系统库会有超过 600 个成员。现在很常用的一种方法是将库的所有成员在运行时合并为一个单个的共享库。按照这个思路，如果将库中所有的符号涉及的文件合并在一起成为一个目标文件，在链接时使用这个目标文件而不再进行库的搜索，这种方法的速度似乎可以更快一点。事实是否如此，我们将在第 9 章中详细分析。

6.6　弱外部符号

符号解析和库成员选择中采用的是简单的定义 - 引用（definition-reference）模式，即根据符号名称将引用和定义关联起来。这种模式对很多应用场景而言显得灵活性不足。例如，大多数 C 程序会调用 printf 函数族中的例程来格式化输出数据（如 sprintf 等）。printf 可以格式化各种类型的数据，包括浮点类型。这就意味着任何使用 pringf 的程序都会将浮点库链接进来，即便它根本不使用浮点数。

很多年前，PDP-11 UNIX 程序不得不使用一些技巧来避免在只使用整数的程序中链接入浮点库。C 编译器会在使用的浮点代码的例程中产生一个对特殊符号 fltused 的引用。图 6-6 展示了 C 库的布局，它利用了链接器顺序搜索库的特点。如果程序使用了浮点运算，那么为了解析 fltused 符号，会链接真正的浮点例程，包括真正的 fcvt（浮点输出例程）。然后当 I/O 模块被链接进来以定义 printf 时，就已经有一个可以满足 I/O 模块引用的 fcvt 在那里了。在那些不使用浮点的程序中，链接器不会处理浮点处理模块，因为程序中不会有任何涉及这一区域的未解析的符号，当解析到 I/O 模块中引用的 fcvt 符号时，链接器将会向后解析从而找到库中的伪浮点例程[⊖]，真正的浮点例程将不会被加载。

```
…
真正的浮点模块，定义了 fltused 和 fcvt
I/O 模块，定义调用 fcvt 的 printf 函数
伪浮点例程，定义了伪 fcvt
…
```

图 6-6　经典的 UNIX C 库

虽然这个技巧可以解决问题，但用它处理多个符号时就会变得很难处理，而且它的正确性严重依赖于库中模块的顺序，在重新构建库的时候很容易产生问题。

解决这个困境的方法就是弱外部符号（weak external symbol）。弱外部符号是一种不会加载库成员的特殊外部符号。如果该符号已存在一个有效的定义，无论是从一个显式链接的文件还是普通的外部引用而被链接进来的库成员中，那么该弱外部符号会被解析为一个普通的外部引用。但是如果不存在对该弱外部符号的有效定义，那么该符号就不会被定义，实际上最后会被解析为 0，而且这个过程不会被认为是一个错误。在上面这个例子中，I/O 模块可以产生一个对 `fcvt` 的弱引用，真正的浮点模块在库中跟在 I/O 模块后面，而且也不再需要伪例程。现在如果有一个对 `fltused` 的引用，则链接浮点例程并定义 `fcvt`。否则，对 fcvt 的引用就是未定义的。这样就不再依赖于库中符号的顺序，即使对库进行多次扫描解析也没有问题。

ELF 还添加了符号的弱定义（weak definition）与弱引用（weak reference）相对应。"弱定义"描述了一个没有有效的普通定义的全局符号。如果找到了这个符号的有效普通定义，那么就忽略它的弱定义。弱定义并不经常使用，但在定义报错函数时很有用。使用弱定义的报错函数无须将其分散在独立的模块中，可以共享一个前文定义的报错函数，如果没有定义也不影响程序本身的逻辑（只是错误信息无法正常显示）。

6.7　练习

1. 如果一个符号同时出现在两个模块中，模块又各自被打包到了不同的库中，在链接时链接器会怎么处理？这种情况是一种错误吗？
2. 库的符号目录通常只包括被定义的全局符号。如果将未定义的符号也包括进来会有好处吗？
3. 在使用 lorder 和 tsort 排序目标文件时，很有可能 tsort 不能够生成一个文件的全序排序。这种情况如果发生了应该如何处理？
4. 有一些库会将符号目录放在库的开头，也有另外一些库会将符号目录放在库的末尾。在实际中这两种方案有什么差异？
5. 请再找到一些会使用弱外部引用和弱定义的情况。

6.8　项目

本章项目的任务是为链接器增加库搜索的功能。我们可以尝试两种不同的库格式。第一

⊖　这里的伪例程通常就是一个空函数，不会被调用，只是保证链接过程不会出错。——译者注

种是本章一开始所描述的类似 IBM 目录格式。一个库就是一个目录，每个成员都是该目录下的一个文件，文件名称就是文件中对应的符号的名称，允许同一个文件有多个文件名。如果你使用的系统不支持 UNIX 风格的同一文件多文件名，那就将文件复制多个副本来模拟多文件名的情况。用文件中的一个导出符号的名称给文件命名，然后创建一个名为 MAP 的文件，其格式如下：

```
name sym sym sym ....
```

其中 name 是文件的名称，sym 是文件中其余的导出符号的名称，每个文件占一行。

第二种库格式是一个单独的文件，该库起始第一行如下：

```
LIBRARY nnnn ppppp
```

这里 nnnn 是库中模块的个数，ppppp 是文件中库目录起始位置的偏移量。在这一行之后依次存放着每一个库成员。从偏移量 ppppp 处开始的是库目录，它由多行构成，每个模块对应一行，格式如下：

```
ppppp llllll sym1 sym2 sym3 ...
```

其中 ppppp 是模块在文件中的起始位置，llllll 是模块的长度，symX 是定义在该模块中的符号。

项目 6-1　写一个库管理程序，可以根据一系列的目标文件创建目录格式的库。要确保对重复符号进行合理的处理。作为一种可选方案，可以扩展这个库管理程序，使其可以对已存在的库中的模块进行添加、替换、删除操作。

项目 6-2　将该链接器扩展，以处理多个基于目录格式的库。当链接器解析它的输入列表，发现其中一项是一个库时，搜索该库，如果库中某个模块为某个未定义符号给出了定义，则将该模块包含进来。需要注意的是，库中的模块可能会用到在其他模块甚至是其他库中定义的符号，要确保能够正确处理这些复杂的情况。

项目 6-3　写一个库管理程序，使其能够根据一系列的目标文件创建一个单文件格式的库（即前文要求的第二种格式）。注意，除非你知道库中所有模块的大小，否则无法正确写入文件开头的 LIBRARY 行。一个可行的办法是先写入一个占位符以填满该行，待确定所有输入文件的大小并计算出尺寸后，再来写入正确的数值。也可以将整个输出文件都缓冲在内存里，最后修改后再统一输出。作为一个挑战任务，请扩展这个库管理程序使其可以升级已存在的库，要注意的是，这比升级目录格式的库要难得多。

项目 6-4　将该链接器扩展，以处理多个单文件格式的库。当链接器解析它的输入列表，发现其中一项是一个库时，搜索该库，如果库中某个模块定义了某个未定义符号，则将该模块提取并包含进来。除了项目 6-2 中提到的细节外，还需要注意的是，必须修改目标文件读取的函数，从而能够从库文件中提取特定的目标模块。

重 定 位

链接器会对所有的输入文件进行扫描，之后就可以确定段的大小、符号定义和符号引用的对应关系，并确定需要包含库中的哪些模块、将这些段放置在输出地址空间的什么地方。扫描完成后的下一步就是链接过程的核心，重定位（relocation）。当我们提到重定位时，其实这个概念包含了两种工作，一种是指当段不是从 0 地址开始的时候，需要调整程序中受到影响的地址；另一种是解析外部符号的引用。通常情况下，这两种工作是同时处理的。

链接器的第一次扫描会列出各个段的位置，并收集程序中全局符号与段的相对位置关系。一旦链接器确定了每一个段的位置，它需要根据这个段的地址修改存储区中所有与之相关的地址信息项。在大多数体系结构中，数据中的地址都是绝对地址，嵌入到指令中的地址可能是绝对地址，也可能是相对地址。因此，链接器需要对它们进行修改，我们稍后会讨论这个问题。

第一遍扫描的过程中链接器会建立第 5 章中所描述的全局符号表，同时还会将引用全局符号时存储的地址解析并替换为全局符号的实际地址。

7.1 硬件和软件重定位

由于几乎所有的现代计算机都具有硬件重定位功能，可能会有人疑问为什么链接器或加载器还需要进行软件重定位（20 世纪 60 年代后期，当我在 PDP-6 上编程时，这个问题就困扰着我。实际上，从那以后情况就变得更复杂了）。答案是，这样的设计一部分是出于运行时性能的考虑，也有一部分是在优化绑定过程的时间。

硬件重定位允许操作系统为每个进程从一个约定好的固定位置开始分配独立的地址空间，这就使得程序的加载更加容易，并且可以避免一个地址空间中的程序错误破坏另一个地址空间中的程序。软件链接器或加载器的重定位过程，就是将输入文件合并为一个大文件以加载到硬件重定位提供的地址空间中，然后就根本不需要修改任何加载时的地址了。

在 286 或 386 这种可以创建几千个段的机器上，实际上有可能做到为每一个例程或全局数据分配一个段，独立地进行软件重定位。每一个例程或数据可以从各自段的 0 位置开始，所有的全局引用都变成段间引用，通过查找系统段表来处理，并在运行时进行绑定。不幸的是，x86 的段查找非常地慢，而且如果程序对每一个过程调用或全局数据引用都要进行段查找的话，那速度要比传统程序慢得多。还有一个重要的因素是，虽然运行时绑定会在一定程度上改善性能（我们将在第 10 章涉及这些内容），但大多数程序都没有采用。为了让程序更加可靠，链接器最终选择将所有程序文件绑定在一起并且在链接时确定符号地址。这样的设计，可以使得程序在调试时的表现相对固定，而且出货后仍能保持一致性。当一个程序的运行环境中使用的库版本与开发人员使用的版本不一致时，容易引发库的二进制兼容问题。这种问题是程序错误的主要来源之一，并且难以发现。（MS Windows 的应用程序因为大量使用了共享库，也就容易出现此类问题。甚至还会出现某些库的不同版本通过各种应用程序的安装而被加载到同一个计算机上）。即使不考虑 286 风格的段的引起的访存负载[⊖]，动态链接比起静态链接而言也要慢得多，当程序用不到这些功能时，显然没有必要引入这些代价。

7.2 链接时重定位和加载时重定位

很多系统既执行链接时重定位，也执行加载时重定位。链接器将一系列的输入文件合并成一个输出文件，并为其确定将要加载到的地址。但是，这个程序被加载时，所预设的那个加载地址可能不可用，或者已经被其他程序占用，此时加载器会将它加载到另外的地址上，并且重新定位被加载的程序以使之与实际的加载地址相对应。在一些系统上，每一个程序都按照加载到地址 0 的位置而被链接（例如 MS-DOS 和 MVS 就是如此）。而实际程序的加载地址是根据有效的存储空间而定的，因此这个程序在被加载时总是会被重定位的。在另外一些系统上，尤其是 MS Windows，程序按照被加载到一个固定地址的方式来链接，并且这个地址通常一定是有效的，一般不会进行加载时重定位，除非发生该地址已被别的程序所占用之类的异常情况（事实上，现在的 Windows 从不对可执行程序进行加载时重定位，但是会对 DLL 共享库进行重定位。相似地，UNIX 系统也从不对 ELF 程序进行重定位，虽然它们对 ELF 共享库会进行重定位）。

相比链接时重定位，加载时重定位就颇为简单了。链接时的重定位，需要根据段的大小和段的位置重新定位程序中的地址项。而在加载时，整个程序会被当成一个巨大的段，加载器的重定位只需要判断原计划的加载地址和实际的加载地址之间的差异即可。

7.3 符号重定位和段重定位

链接器的第一遍扫描将得出各个段的位置，并收集程序中所有关于全局符号与段的相对偏移量。一旦链接器决定了每个段的位置，它就需要相应地调整程序中存储的符号地址。

- 调整段中的数据地址和使用绝对地址的指令地址。例如，如果一个指针指向位置 100，但是段基址被重定位为 1000，那么这个指针就需要被调整到位置 1100。
- 调整程序中的段间引用。绝对地址的引用，需要根据目标地址新的段地址进行重新计算并调整；相对地址的引用，则需要根据目标段的地址以及引用者所在段的地址进行调整。
- 调整全局符号的引用。例如，如果一个指令调用了例程 `detonate`，并且 `detonate` 所在的段起始地址为 1000，段内偏移地址 500，则这个调用指令中涉及的地址要调整为 1500。

重定位和符号解析所要求的条件有些许不同。对于重定位，需要调整的基地址的数量相

⊖ 286 系列中段的信息放在内存中，借助处理器中的描述符表定位段的描述符，会引入过多的访问操作。——译者注

当小，也就是一个输入文件中的段的个数；不过按目标文件格式的要求，重定位的功能设计需要支持对任何段中任何地址的引用进行重定位。对于符号解析，符号的数量远远大于段的数量，但是大多数情况下链接器的符号重定位只是将符号的值插入到程序中预留的位置。

很多链接器将段重定位和符号重定位统一对待，这是因为它们将段当作是一种"伪符号"，不同之处只是它的值是段基址。这使得基于段的相对偏移量的重定位就成了基于符号的相对偏移量的重定位的特例。即使在将两种重定位统一对待的链接器中，此二者仍有一个重要区别：符号引用会包括两个参数，符号所在段的基地址和符号在段内的偏移地址，而段就只有基地址，没有偏移量了。有一些链接器在开始进入重定位阶段之前会预先计算所有的符号地址，将符号表中原有的符号值与段基址相加后重新存储。也有一些链接器选择每次都去查看段基地址，在重定位时将段基地址与符号的偏移量相加。大多数情况下，这两种方案没有什么明显的优劣，选用哪一种方案都可以实现重定位的效果。在一些特殊链接器中，尤其是那些针对 x86 实模式的链接器中，一个地址可以有多种表示方法，使用不同的段基地址加上相对偏移量都可以找到这个地址，在这种情况下，链接器只能在特定的程序上下文才能确定要使用哪个段基地址来引用这一个符号。

符号查找

在目标代码格式设计时，会将文件中的符号存作一个数组，在内部使用符号时，用数组下标（通常是一个较小的整数）指代符号。这给链接器带来了一些小麻烦，就像第 5 章所讨论的，每一个输入文件都有自己的索引序列，如果输出文件可以重链接的话那它们也会有自己的数组和索引。将这些文件链接在一起时，这些索引就会产生冲突。最直截了当的解决办法是将符号表合并成一个全局符号表，然后每个输入文件只保留一个指针数组，指向全局符号表中的表项。

7.4　基本的重定位技术

每一个可重定位的目标文件都有一个重定位表，其中包含的是在文件中各个段里需要被重定位的地址。链接器首先读入段的内容，然后根据重定位表处理重定位项，最后再将处理完成的段写入到输出文件中。通常情况下，重定位是一次性操作，处理后的结果文件也不能被再次重定位。但一些目标文件格式，尤其是 IBM 360 的目标文件，在输出文件中仍包含所有重定位信息，所以还是可以重定位的（在 IBM 360 中，输出文件在加载时还需要被重定位，因此它必须包含所有的重定位信息）。对于 UNIX 链接器，有一个选项能够用于产生可再次链接的输出文件，这种情况主要用于生成共享库。共享库在加载时需要被重新定位，因此总是带有重定位信息。

图 7-1 展示了一种最简单的情况，一个段的重定位信息表，就是段中需要被重定位的位置列表。在链接器处理段时，它根据重定位项的信息，提取出程序中的地址值，将它与段基地址相加，就完成了重定位。这种方式可以处理段内部的直接寻址和内存中的指针值。

```
address | address | address | ...
```

图 7-1　简单重定位项

由于现代计算机支持多个段和多种寻址模式，实际的重定位程序会比这更复杂一些。图 7-2 展示了经典的 UNIX a.out 格式的重定位项，这可能是实际使用的格式最简单的重定位项。

```
int address          /* 要重定位的项在代码段或数据段中的偏移量 */
unsigned int r_symbolnum : 24, /* 用作重定位的基地址的符号在符号表中的序号 */
r_pcrel : 1,         /* 如果是 1，表示这是一个相对于指令计数器（PC）的地址 */
r_length : 2,        /* 数值的字节数，用以 2 为底的对数表示 */
r_extern : 1,        /* 如果是 1，则表示重定位时原值需要与某个特定符号的值相加 */
```

图 7-2 a.out 格式的重定位项

每个目标文件都有两个重定位项的集合，一个用于代码段，一个用于数据段，BSS 段的所有值应该全为 0，因此没有什么需要重定位的。每一个重定位项都有标志位 r_extern，指明它是基于段基地址的相对寻址，还是基于符号的相对寻址。如果该位为 0，那么该重定位项是基于段的相对寻址，否则是基于符号的相对寻址。r_symbolnum 是用一个代码来表示重定位项是哪个段，通常可能的值是几个固定的常量，例如 N_TEXT（4）表示代码段，N_DATA（6）表示数据段，或者 N_BBS（8）表示 BSS 段。pc_relative 位用于表明该重定位项使用的是绝对地址还是基于当前程序执行位置的相对地址。

重定位项还会有一些其他的细节信息，通常都是和重定位项的类型以及其所在段的类型相关的。在下面的讨论中，为了简单起见，我们用 TR、DR 和 BR 依次表示基于代码段、数据段、BSS 段进行重定位时的基地址。

对于在一个段内部的指针或直接地址，链接器将其地址与 TR 或 DR 相加，即可完成重定位操作。

对于从一个段到另一个段的指针或直接地址，链接器会将目标地址重定位后的段基地址 TR、DR 或 BR，与重定位项中存储的数值相加。由于 a.out 格式的输入文件中已经将符号根据预设定的段基地址计算了目标地址，因此在重定位时只要为其加上重定位后段基地址与原来预想地址的差值就可以完成重定位了。例如，假定在输入文件中，代码段从地址 0 开始，数据段从地址 2000 开始，并且在代码段中的一个指针指向数据段中偏移量为 200 的位置，那么在输入文件中，这个指针的值存储为 2200。如果最后在输出文件中数据段被重定位到 15000，那么 DR 将为 13000，链接器将会把 13000 加入已存在的 2200 上，最后得出目标地址为 15200。

在一些体系结构中，地址存储占据的字节数会有变化。IBM 360 和 Intel 386 中都可以支持 16 位或 32 位的地址，链接器就需要支持这两种地址表示形式的重定位。但是，开发人员需要确保 16 位的地址能够满足跳转目标的需要，链接器不会再对地址有效性进行过多的检查。

7.4.1 指令重定位

由于指令格式可以有很多种，重定位编码在指令中的地址要比重定位数据中的指针麻烦一些。上面描述的 a.out 格式只有两个重定位格式，绝对地址或者与程序计数器的相对地址。但是大多数计算机体系结构需要更多样化的重定位方式才能处理所有的指令格式。

x86 指令重定位

虽然 x86 的指令编码方式非常复杂，但从链接器的角度来看，这种体系结构是易于处理的，因为它只需要处理两种地址，直接地址和与程序计数器相对的地址（在这里我们忽略了x86 的段机制，大多数 32 位链接器也都是这样做的）。访问数据的指令中可以使用一个 32 位目标地址，链接器可以像处理其他的 32 位地址那样对其进行重定位，即将目标所在段的段基址与之相加。

call 和 jump 指令使用相对寻址，因此指令中的地址是指令当前地址和目标地址的差值。对于相同段内的 call 和 jump 指令，由于同一个段内的相对地址是不会改变的，因此不需要进行重定位。对于段间 jump，链接器需要加上目标段重定位后的地址并减去原来指令段的基地址。例如，对于从代码段到数据段的 jump，重定位的过程需要将原值加上 DR 再减去 TR。

SPARC 指令重定位

很少有体系结构能像 x86 的指令编码方式那样方便链接器的重定位工作。SPARC 指令中没有直接寻址，但是有四种不同的分支指令格式，还有一些专门用于合成 32 位地址的特殊指令，甚至还有几个指令只包含部分地址。链接器需要处理所有这些情况才能正确处理重定位。

SPARC 指令格式中并没有一个 32 位的空间用于表示地址，这与 x86 有很大的不同。这意味着在输入文件中，一个访问内存的指定，它的目标地址并没有完整地存储在指令中，因而在重定位的过程中也无法直接修改访存的目标。图 7-3 展示了 SPARC 的重定位项，可以看到这里增加了一个 r_addend 成员，这是一个 32 位的地址，用于与指令中编码的地址相加后形成访存的实际目标地址。鉴于 SPARC 的重定位过程不能像 x86 的那样简单描述，因此重定位项中定义了 r_type 成员，通过编码的形式表示重定位的不同格式，也不再简单地使用一个位去区分基于段的重定位或是基于符号的重定位。在 SPARC 中，为输入文件中的代码段、数据段和 BSS 段分别定义了符号 .text、.data 和 .bss，用来标识各自对应段的起始位置，基于段的重定位就会变成基于这些符号的重定位。

```
int r_address;      /* 需重定位的数据的偏移量 */
int r_index:24,     /* 符号在符号表中的索引 */
    r_type:8;       /* 重定位类型 */
int r_addend;       /* 数据加数 */
```

图 7-3　SPARC 指令集的重定位项

SPARC 的重定位可以分成 3 类：数据指针中的绝对地址的重定位、分支跳转指令和调用指令中不同长度的相对地址的重定位、特殊的 SETHI 绝对地址重定位。绝对地址的重定位和 x86 上的几乎一样，链接器将 TR、DR 或 BR 与原本存储的地址数据相加即可。对于这种情况而言，重定位项中的 r_addend 项没有什么实际用处，因为原本地址的存储空间就可以完整地保存地址值。但是为了保持编码上的一致性，链接器还是会把 r_addend 的值与原有的地址值加在一起计算重定位。

对于分支指令而言，存储的偏移量通常是 0，而 r_addend 是偏移量，即目标地址和存储的值之间的差值。链接器将待重定位的相对地址与 r_addend 相加，得到重定位后新的相对地址。由于 SPARC 的相对地址不保存低 2 位，因此还需要将得到的相对地址向右移 2

位，同时还需要检查以确认移位后的数值能够符合指令编码中的位数限制（不同指令中的地址位数不同，可能为 16 位、19 位、22 位或 30 位），然后链接接器通过位掩码取出移位后地址的有效位数，并将它们按照规则填入到指令中。例如，对于 16 位的相对地址，低 14 位存储在指令的低 14 位中，但第 15 位和第 16 位却存储在指令的第 20 和 21 位中，链接器需要进行适当的位移和位掩码操作来保证写回这些有效位的同时并不修改指令中的其他位。

SETHI 指令通过两条指令合成一个 32 位地址，它从指令中获得 22 位的地址并将其放于某个寄存器的高 22 位，然后通过一个 OR 操作将地址的低 10 位赋予相同的寄存器。链接器在处理这种情况的时候需要一些特殊的技巧。首先将重定位后的地址（r_addend 加上相应的重定位段基址）的高 22 位放置在程序中存储的地址值的高 22 位，然后将重定位后地址的低 10 位放置在相应的低 10 位。不像上面的分支模式那样，这种重定位模式不再检查位数是否够用，因为两次存储的都是局部地址，而两者组合后可以覆盖整个地址空间。

在其他体系结构上的重定位技术基本上是 SPARC 使用的技术的变种，对于重定位项而言，对每一个包含内存寻址的指令格式，都会给它一种新的重定位类型加以区分。

7.4.2 ECOFF 段重定位

Microsoft 的 COFF 目标文件格式是 COFF 格式（从 a.out 格式演变而来）的扩展版本，因此 Win32 的重定位和 a.out 的重定位有很多相似之处。COFF 目标文件的每个段都有一个和 a.out 相似的重定位项列表，如图 7-4 所示。COFF 重定位项有一个奇怪之处是它们在 32 位的计算机上是 10 个字节长。这意味着在那些需要数据对齐的机器上，链接器不能通过一次读操作将整个重定位表加载到内存中的数组里，而需要一次读取一个重定位表的一项，以保证其中两字节的空位不影响程序的正确性。需要说明的是，COFF 是一个很老的格式，那时每个字节的存储都很宝贵，因此为每个重定位项节省 2 个字节是很有必要的。在每一个重定位项中，address 指的是要重定位的数据的相对虚拟地址（Relative Virtual Address，RVA），index 是段或者符号的索引，type 是重定位类型，通常与机器的具体信息相关。对于输入文件的每一个段，符号表中会包含一个类似 .text 的段名符号，这就可以使用这个符号的索引对这个段进行重定位了。

```
int address;      /* 需重定位的数据的偏移量 */
int index;        /* 符号在符号表中的索引 */
short type;       /* 重定位类型 */
```

图 7-4   MS COFF 重定位项

在 x86 平台上，对 ECOFF 进行重定位所做的工作和 a.out 的处理非常相似。链接器根据不同的符号类型进行相应的处理，例如 IMAGE_REL_I386_DIR32 表示的是 32 位的绝对地址或存储的指针，IMAGE_REL_I386_DIR32NB 表示的是 32 位的绝对地址或存储的指向程序基地址的指针。IMAGE_REL_I386_REL32 是程序计数器的 32 位相对地址。除此之外，还有一些其他重定位类型用于支持特殊的 Windows 特性，我们会在后面的内容中涉及。

ECOFF 可以支持一些 RISC 处理器，包括 MIPS、Alpha 和 Power PC。这些处理器都存在和 SPARC 重定位时相同的问题：①在跳转指令中目标地址的位数有限，②使用多个指令序列合成一个直接地址。因此，除了通常的 4 字节的重定位类型外，ECOFF 还具有处理这些特殊情况的各种重定位类型。

例如，MIPS 中有一个跳转指令中可以包含一个 26 位的地址，在跳转时，将这个地址向左移动 2 位后赋值给程序计数器的低 28 位中，保持高 4 位不变。重定位类型 IMAGE_REL_MIPS_JMPADDR 用于对这类跳转指令的目标地址进行重定位。由于存储的指令中已经保存了重定位前的目标地址，因此没有在重定位项中保存这个目标地址。为了进行重定位，链接器不得不提取出保存的指令中的低 26 位，将其进行位移和掩码操作以得到原来的跳转目标地址，然后将其加上重定位的目标段基址，然后再将这个地址右移 2 位，然后通过位掩码操作写回到原先的指令中。这个过程中，链接器还要检查目标地址对于当前指令而言是否是可达的[⊖]。

MIPS 还有一个和 SETHI 类似的用法。MIPS 指令中可以使用 16 位的立即数。如果要得到一个 32 位的立即数，可以先使用一个 LUI（Load Upper Immediate）指令将一个立即数的高 16 位存储在某个寄存器的高 16 位，然后紧接着一个 ORI（OR Immediate）指令将立即数的低 16 位放置到这个寄存器的低 16 位。重定位类型 IMAGE_REL_MIPS_REFHI 和 IMAGE_REL_MIPS_REFLO 用于实现对这种地址生成方式的重定位支持，分别用于告诉链接器以指定重定位的指令中目标值的高 16 位和低 16 位。但是，使用 IMAGE_REL_MIPS_REFHI 格式的重定位项时存在一个问题。假设重定位前的目标地址为十六进制的 00123456，则指令中包含的重定位前地址高 16 位时，存储的是 0012。再假设重定位的偏移量是 1E000，那最终的地址会是 123456 加上 1E000，即 141456，所以存储高 16 位的值将变为 0014。但是，在链接器处理的过程中，需要完整的值 00123456，但是获得的重定位项信息只能够让链接器找到存储在指令中的 0012。从哪里找到与之配套的低 16 位的数值呢？ECOFF 格式的解决方法是 IMAGE_REL_MIPS_REFHI 项后面的重定位项一定是 IMAGE_REL_MIPS_PAIR，这里保存着与之匹配的低 16 位重定位项的编号。这种方法是不是最佳解决方案仍然有待讨论，因为它要求 PAIR 项必须紧挨着 REFHI 项之后出现，这使得重定位项的前后顺序现在变得很重要了。另一种可选的方案是增加一个新的成员变量用于保存最终的地址，类似于 SPARC 中使用的 r_addend，但这样会使得每一个重定位项都要增加 4 个字节，浪费大量的空间。

7.4.3　ELF 重定位

ELF 的重定位与 a.out 和 COFF 的处理过程相近。ELF 中有两种重定位的类型，分别是 SHT_REL 和 SHT_RELA，其中 SHT_RELA 用于处理指令无法完整编码目标地址的情况。在实际使用中，同一个文件中所有的重定位项的类型都是相同的，这两种类型主要是为了适应目标体系结构的差异。如果目标体系结构像 x86 那样在目标代码中留有足够的空间，它就使用 REL 类型，否则就使用 RELA 类型。原则上，编译器也可以在那些需要使用 RELA 的体系结构上混合使用这两种类型以节省空间，例如，对于过程引用这样的重定位项，如果已经可以确定其偏移量的增加值肯定是 0，那么就可以将它放在一个 SHT_REL 类型中从而节省

⊖　即是否超出了 28 位能够表述的跳转范围。——译者注

4 个字节，而其余项仍使用 SHT_RELA 类型以保证正确性。

ELF 同样增加了一些额外的重定位类型来处理动态链接和位置无关代码，我们将在第 8 章讨论。

7.4.4 OMF 重定位

OMF 重定位和前面已经讲到的方法在概念上是相同的，但是细节要更加复杂一些。由于 OMF 原本是在内存和存储空间非常有限的微型计算机上使用的，这种格式可以在不加载整个段的情况下进行重定位。OMF 格式中，LIDATA 和 LEDATA 类型的数据与 FIXUPP 重定位交替排列，每一个 FIXUPP 记录中存储着它前面一个数据段的重定位信息。因此，链接器可以读取和缓冲一个数据记录，并读取其后的 FIXUPP 记录，然后完成重定位，并将处理后的数据输出到文件。FIXUPP 中存储的是重定位时的线程信息，其中有两个位用于间接表示代码所在的框，即 OMF 的重定位基地址。程序中可以用到多个框，链接器中保存着 4 个近期使用到的框，FIXUPP 记录中的两个位用于从中选取当前重定位操作用到的框，同时，FIXUPP 中也会有专门的指令用于更新当前记录的 4 个框的列表。

7.5 可重链接和可重定位的输出格式

有一小部分格式是可以重链接的，即输出文件中带有符号表和重定位信息，这样可以作为下一次链接的输入文件来使用。很多格式是可以重定位的，这意味着输出文件中带有供加载时重定位使用的重定位信息。

对于可重链接文件，链接器需要根据输入文件的重定位项建立输出文件的重定位项。有一些重定位项可以原样传递给输出文件，有一些需要进行一定的修改，还有一些可以忽略掉。对于输入文件中那些相对于段基地址的重定位项，如果输出格式不进行段合并的操作，则可以直接传递到输出文件，只需要对段索引进行修改即可，这是因为在二次链接时链接器还会对其进行重定位操作。而在那些支持段合并的格式中，每一个重定位项的偏移量需要修改。例如，在一个 a.out 格式的文件中，有一个符号位于某个输入文件的代码段中偏移量为 400 的位置，如果另一个段与它所在的段合并后将这个段重定位在了段中的地址 3500 处，那么这个重定位项就要被修改为 3900 而不是 400。

类似地，符号解析项有一些不加修改的传递，有一些需要修改以适应段重定位，有一些可以忽略。如果有外部符号仍未被定义，那么链接器会将相应的重定位项传递到输出文件中，只是可能会根据段的合并操作修改偏移量，根据输出文件符号表修改符号索引。如果符号可以被解析，那就由链接器根据符号引用的细节进行处理。如果符号是一个基于程序计数器的相对寻址，而且处于同一个段中，那么链接器可以忽略这个重定位项，因为同一个段中的相对地址是不会变化的。如果是一个绝对地址引用或段间引用，那就需要生成相对于段的重定位项。

对于可以重定位但不能重链接的输出格式，链接器只需要保留那些相对于段基地址的重定位项，其他重定位项都可以忽略。

7.6　重定位项的其他格式

虽然多数重定位项使用的格式是数组，但也有其他的实现方式，例如链表和位图等。另外，多数格式中都会有一些特例，需要链接器特殊对待的段。

7.6.1　以链表形式组织的引用

对于外部符号引用，一种非常有效的格式是使用链表的形式存储一个符号的多次引用。在符号表项中存储一个指针指向它的一个引用，这个引用项中又保存着后面一个引用的地址，这样一直延伸下去直到遇到下一项的值为空或者 -1，表示链表截止了。这种结构中，沿着链表可以处理一个外部符号的全部重定位工作。对于那些地址引用是一个整字宽的体系结构，或者至少地址引用的宽度足以表示目标文件中段的最大尺寸，这种方法是发挥作用的。以 SPARC 的分支指令为例，它的偏移地址为 22 位宽，由于指令地址是按照四个字界对齐的，因此足够覆盖 2^{24} 字节长的段，这个长度限制对于文件中的一个段而言是可以接受的。

但这个技巧不能解决带偏移量的符号引用，这对于代码引用通常不是问题，但是在处理数据段的地址时就有问题了。例如在 C 语言中，可以写一个静态指针，并将其初始化为指向数组的中间位置：

```
extern int a[];
static int *ap = &a[3];
```

在 32 位的机器上，ap 的内容是 a 加上 12，但是无法为 a+12 再生成一个链表，也不能将这个符号直接串接在 a 的链表上。解决这个问题的办法是仅在不使用偏移量引用的地方使用链表机制，而在使用偏移量的引用时则用其他处理方式。

7.6.2　以位图形式组织的引用

对于 PDP-11、Z8000 体系结构和一些采取绝对寻址的 DSP 上，由于大部分的访存地址都需要被重定位，因此代码段中的指令需要进行多次重定位操作。在这种情况下，与其为每一个需要重定位的位置维护一个 FIXUPP 项，不如采用位图来存储更为有效。在位图方案中，使用一个位代表一个字宽的空间，如果某个位置需要被修改，那么它对应的位就置 1。对于 16 位的体系结构中，一个重定位项占据 16 位宽，因此使用当超过 1/16 的字需要重定位时，使用位图就可以节省空间；对于 32 位体系结构，则多于 1/32 的字需要重定位时可节省空间。

7.6.3　特殊段

很多目标文件格式中定义了一些特殊的段，在重定位过程中需要进行特殊处理：
- Windows 目标文件中有 TLS（Thread Local Storage）段，这个段中保存着进程中每个线程启动时需要复制的全局变量。
- IBM 360 的目标文件中具有伪寄存器集段，它和 TLS 相似，这是一个命名的子空间区域的集合，可以被不同的输入文件引用。
- 不少 RISC 体系结构定义了 small 段，可以在链接时被收集到一个区域中，在程序启动时设置一个寄存器指向这个区域，从而使得在程序中的任何地方可以借助这个寄存器进行寻址访问。

针对上面这些情况，链接器都需要设计专门的重定位类型来处理这些特殊的段。

对于 Windows 的 TLS，重定位类型的细节根据体系结构的不同而有所变化。对于 x86，定义了 IMAGE_REL_I386_SECREL 类型的调整项（FIXUPP），其中保存着目标符号相对于它所在段开始位置的偏移量。这个调整项通常指向程序中的一个指令，这条指令中有一个索引寄存器，在运行时需要将该寄存器指向当前线程的 TLS，所以 SECREL 类型的调整项中提供了 TLS 中的偏移量。而在 MIPS 和其他 RISC 处理器中，SECREL 类型的调整项中存储的是 32 位的调整值，也可以使用 SECRELLO 和 SECRELHI 组合以生成一个基于段基地址的相对地址（与 REFHI 类似，SECRELHI 后面也需要跟一个 PAIR 类型的项）。

对于 IBM 的伪寄存器集，目标代码格式增加了两种重定位类型。一种是 PR 伪寄存器引用，它将伪寄存器的偏移量存储在一个 load 或 store 指令的 2 个字节中。另一种是 CXD，是程序中所使用的伪寄存器的总数。这个数值用来在代码启动时确定需要给伪寄存器集分配多少存储空间。

对于 small 数据段，目标文件格式为 Alpha、MIPS 或 LITERAL 等系统定义了类似 GPREL（Global Pointer Relocation 的缩写，全局指针重定位）的重定位类型，用以存储目标数据在 small 数据段中的相对偏移量。链接器定义一个类似 _GP 的符号作为 small 数据段的基址，这样运行时的启动代码可以将指向这个区域的指针加载到一个固定的寄存器中。

7.7　特殊情况的重定位

很多目标文件格式都有弱外部符号：如果输入文件定义了这个符号的话，那么就把它当作是普通的全局符号，否则就为空（细节请参看第 5 章）。在符号解析的过程中没有太大的差异，弱符号要么是一个普通的全局符号，要么就是 0。

一些早期的目标文件格式中的重定位更加复杂。例如，在 IBM 360 的格式中，重定位项可以是在基地址上增加偏移量，也可以减去偏移量，多个重定位项可以用于修改同一个位置，甚至可以定义允许诸如 A-B 这样复杂的引用，这里 A、B 都可以是外部符号。

一些更早期的链接器支持极度复杂的重定位操作，可以通过精心设计的表达式来表述重定位的计算逻辑，在链接过程中解析这些逻辑，完成计算并更新程序。虽然这些方案都有强大的表达能力，但是它们过于强大以至于没有太多用处，因此现代链接器的重定位方案都退回到了最简单的方案。

7.8　练习

1. 为什么 SPARC 链接器在重定位分支指令的地址时需要查地址溢出，但是在处理 SETHI 序列中高部分和低部分时没有检查？

2. 在 MIPS 的例子中，一个 REFHI 重定位项需要跟着一个 PAIR 项，但是 REFLO 不需要，为什么呢？

3. 对于伪寄存器和 TLS 的符号引用被解析为相对于段开始地址的偏移量，而普通的符号引用被解析为绝对地址，为什么？

4. 我们说过 a.out 和 COFF 重定位不能处理诸如 A-B（A 和 B 同为全局符号）的引用。你能提出一种方法达到类似的效果吗？

7.9 项目

回忆一下，前面章节的项目中设计的重定位格式如下：

```
loc seg ref type ...
```

loc 是要被重定位的位置，seg 是该位置所在的段，ref 是该位置所引用的段或符号，type 是重定位类型。我们具体定义了以下这些重定位类型：

- A4 绝对地址引用。loc 的四个字节是对段 ref 的绝对地址引用。
- R4 相对地址引用。loc 的四个字节是对段 ref 的相对地址引用。即 loc 中的存储的是 loc 后面的地址（loc+4）与目标地址之间的差值（这是 x86 相对跳转指令的格式）。
- AS4 绝对符号引用。loc 的四个字节是对符号 ref 的绝对地址引用，同时需要叠加存储在 loc 中的值（通常为 0）。
- RS4 相对符号引用。loc 的四个字节是对符号 ref 的相对地址引用，同时需要叠加存储在 loc 中的值（通常为 0）。
- U2 上半部引用。loc 中的两个字节是符号 ref 的地址的高两个字节。
- L2 低半部引用。loc 中的两个字节是符号 ref 的地址的低两个字节。

项目 7-1　让链接器实现对这些重定位类型的支持。在链接器创建了符号表并为所有的段和符号赋予地址后，处理每一个输出文件中的重定位项。别忘了重定位的作用是修改目标代码中的实际地址数值，而不是其十六进制表示。如果你用 Perl 写自己的链接器，那么你可以使用 Perl 的 pack 功能可以将目标代码中的段转换为二进制串，进行重定位后再使用 Perl 的 unpack 功能将其转换回十六进制表示。

项目 7-2　当你在处理项目 7-1 中的重定位时，你会采用哪一种字节序？修改你的链接器以采用另外一种字节序。

加载和覆盖

加载是将一个程序放到主存里使其能运行的过程。本章我们将分析加载过程，并且主要关注那些已经链接好的程序的加载过程。很多系统曾经都有过链接加载器（linking loader），将链接和加载的过程合为一体，但是现在除了我知道的运行 MVS 的硬件和第 10 章将会谈到的动态链接器外，其他的链接加载器基本上已经消失了。链接加载器和单纯的加载器没有太大的区别，最显著的区别在于链接的结果输出在内存中还是在文件中。

8.1 基本的加载过程

在第 3 章的目标文件格式设计中，我们已经接触了加载相关的大部分基本知识。程序可以通过虚拟内存系统被映射到进程地址空间，也可以通过普通的 I/O 调用读入，这两种加载的过程会有一点小小的差别。

在多数现代系统中，当一个程序被加载到一个新的地址空间，这就意味着所有的程序片段都被加载到一个已知的固定地址，并可以通过指定地址链接到需要的代码。在这种情况下，加载过程是非常简单的：

- 从目标文件中读取头部信息，找出需要多少地址空间。
- 分配地址空间，如果目标代码的格式具有独立的段，那么就将地址空间按段划分。
- 将程序读入地址空间划分出的段中。
- 将程序末尾的 BSS 段空间填充为 0（有的虚拟内存系统可以自动完成这个过程）。
- 如果体系结构需要的话，创建一个栈段（stack segment）。
- 设置程序参数、环境变量以及其他运行时信息。
- 开始运行程序。

如果程序不是通过虚拟内存系统映射的，读取目标文件就意味着通过普通的 read 系统调用读取文件。在支持共享只读代码段的系统上，系统会检查是否在内存中已经加载了该代码段复制的一份，尽可能使用共享的代码而不是另外复制一份。

在进行内存映射的系统上，这个过程会稍稍复杂一些。系统加载器需要创建段，然后以页对齐的方式将文件页映射到段中，并赋予适当的权限，例如只读或写时复制。在某些情况下，相同的页会被映射两次，一个在一个段的末尾，另一个在下一个段的开头，分别被赋予 RO 和 COW 权限，例如，紧凑的 UNIX a.out 格式就是这样。由于数据段通常是和 BSS 段是紧挨着的，所以加载器会将数据段所占最后一页中数据段结尾以后的部分填充为 0（鉴于磁盘版本通常会有一些符号之类的东西在那里），然后在数据段之后分配足够的页面，并填充为0以充当 BSS 段。

8.2 带重定位的基本加载过程

仅有少量系统能够支持程序的加载时重定位,大多数系统都是支持共享库的加载时重定位。有一些系统,例如 MS-DOS,没有对硬件重定位的支持;也有一些系统,例如 MVS,虽然能够支持硬件重定位,却需要对一个没有硬件重定位的系统保持前向兼容;还有一些系统,虽然具备了硬件重定位,但是却可能将多个可执行程序和共享库加载到相同的地址空间。以上这些复杂的情况导致链接器不能假设程序所需要的特定地址在加载时是有效的。

如第7章讨论的,加载时重定位要比链接时重定位简单得多,因为整个程序作为一个单元进行重定位。例如,如果一个程序被链接为从位置0开始,但是实际上被加载到位置15000,那么程序中所有需要进行重定位的地址都需要加上15000。在将程序读入主存后,加载器根据目标文件中的重定位项,找到其指向的内存位置进行修改。

加载时重定位的性能存在很大问题。在不同的地址空间加载的代码,其调整值自然就不相同,因此两次加载的代码虽然完全一致,但不能在两个虚拟地址空间之间共享。为解决这一问题,可以创建一个共享内存区域,让它同时出现在多个地址空间中,并将常用的程序加载到其中,以实现代码的共享。这一方面在 MVS 使用,被称为打包链接区(Link Pack Aerea),并被扩展到 Windows 和 AIX 中。这种方法仍然存在一些问题,这一区域中的数据也是共享的,导致不同进程不能够拿到自己独立的数据复本,因此要求应用程序的开发人员必须显式操纵内存,在一个特定的可写区域中分配空间。

8.3 位置无关代码

将同一段程序加载到不同程序的不同地址的一个常用方法就是位置无关代码(Position Independent Code,PIC)。其设计思想很简单:将数据分离出来,将代码中那些不因加载的地址改变而变化的内容分离出来。使用这种方法,分别处理数据和代码,可以使得代码在所有进程间共享,而数据部分为各进程自己私有。

这个设计思想很早以前就已经出现。TSS/360 在 1966 年就使用它了,而且它也应该不是最早采用该思想的方案。尽管 TSS 中有很多臭名昭著的 bug,但是从经验来看,它的 PIC 特性的确可以工作。

在现代体系结构中,生成 PIC 可执行代码并不困难。跳转和分支代码通常是位置相关的,或者与某一个运行时设置的基址寄存器相关,所以不需要对它们进行运行时重定位。问题在于数据的寻址,代码中不能借助任何的直接地址来访问数据,因为一旦使用了直接地址,它就不再是位置无关的了。常用的解决方案是在数据页中建立一个数据地址表,并在一个寄存器中保存这个表的地址,这样代码可以使用寄存器中地址为基地址来索引这个表,从而获得变量的地址,进而能够获取数据。这种方式的代价在于对每一个数据访问需要进行一次额外的查表重定位,此外还有一个问题就是如何获取这个表的地址并将其保存到寄存器中。

8.3.1 TSS/360 的位置无关代码

TSS 采用了一种简单粗暴的方法。每一个例程都有两个地址，代码的地址称为 V-con（V style address constant），数据的地址称为 R-con，其中 V-con 在普通的位置相关代码中也会用到。在标准的 OS/360 过程调用中，调用者需要提供一个 18 字大小区域用于存储寄存器，寄存器 R_{13} 用于存储这个区域的地址。TSS 将这个区域扩展为 19 个字，并要求调用者在调用前需将它的 R-con 放置到第 19 个字中，如图 8-1 所示。每一个例程在自己的数据段中预留了所有它要调用的例程的 V-con 和 R-con，并在调用前将对应的 R-con 放置在对应保存区域中。主函数则从操作系统那里得到了与之对应的保存区域，其中提供了初始 R-con 信息。

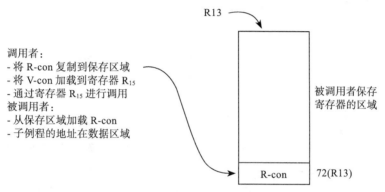

图 8-1　TSS 风格的过程调用 – 代码和数据分别加载。将 R-con 追加在保存区域后的 TSS 风格

这种方案是可行的，但是对于现代系统却不是很合适。一方面，复制 R-con 使得调用过程过于臃肿，另一方面，这使得过程调用的指针变成了 2 个字长，这在 20 世纪 60 年代没有关系，但是现在大多数程序都是使用 C 写的，它要求所有的指针都是一样的格式，这就有问题了（C 标准并没有强制要求所有指针长度一致，但是目前绝大部分的程序都是基于这种假设来实现的）。

8.3.2 为每个例程建立的指针表

为了实现过程调用的位置无关，在一些 UNIX 系统中实现了一种简单的修改方案。为每一次例程的调用创建一个独立的数据区域，将这个数据区域的地址当作这个例程的地址，并在这个地址上，也就是数据区域开始的位置，放置一个指向该例程代码的指针，如图 8-2 所示。如要调用一个例程，调用者就将该例程的数据区域地址加载到约定好的数据指针寄存器，然后从数据指针指向的位置中加载代码地址到一个寄存器，然后调用这个例程。这种方案的实现并不复杂，而且性能还算不错。

8.3.3 目录表

IBM AIX 对指针表的方案进行了改进。AIX 程序将多个例程组成一个模块，模块就是使用单独的或一组相关的 C/C++ 源代码文件生成的目标代码。每个模块的数据段保存着一个目录表（Table Of Content, TOC），该表是由模块中所有例程的指针表组成的，同时还包含了一些小的静态数据。寄存器 R_2 通常用来保存当前模块的 TOC 地址，在 TOC 中允许直接访问静态数据，并可通过 TOC 中保存的指针间接访问代码和数据。由于调用者和被调用者共享相同的 TOC，因此在一个模块内的调用就是一个简单的 call 指令。模块之间的调用必须在调用之前切换 TOC，调用后再切换回去。

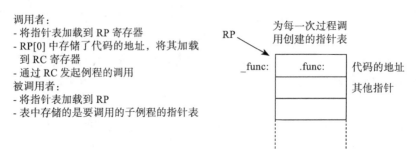

图 8-2　通过数据指针实现例程调用。为例程创建 ROMP 风格的数据表，并将代码指针放置
　　　　在开始位置

编译器将所有的调用都生成为 call 指令，其后还紧跟一个占位符指令 no-op，对于模块内调用这是正确的。当链接器遇到一个模块间调用时，它会在模块代码段的末尾生成一个称为全局链接（global linkage 或 glink）的例程。clink 将调用者的 TOC 保存在栈中，然后根据调用者 TOC 中的指针加载被调用者的 TOC 和地址，然后跳转到要调用的例程。链接器将每一个模块间调用都重定向为针对被调用例程的 glink，并将其后的 no-op 指令修改为一个加载指令，用于从栈中恢复 TOC。例程内部的指针都变成了 TOC 和相应下标的组合，所有通过指针进行例程调用都会转变成一个 glink 调用，其中传递的是 TOC 和要调用的代码的地址。

这种方案使得模块内的调用尽可能地快。模块间调用由于借助了 glink 所以会稍微慢一些，但是比起我们接下来要看到的其他替代方案，这种方案的性能损失是很小的。

8.3.4　ELF 的位置无关代码

UNIX SVR4 中为 ELF 共享库引入了一个类似于 TOC 的位置无关代码方案。图 8-3 展示了 SVR4 的方案，目前在使用 ELF 可执行程序的系统中这一方案得到了广泛的支持。它的优势在于将过程调用恢复为普通方式，即一个过程的地址就是这个过程的代码地址，不管它是存在于 ELF 库中的 PIC 代码，或存在于普通 ELF 可执行文件中的 non-PIC 代码，付出的代价就是这种方案比 TOC 的开销稍多一些。

这一方案的设计者注意到一个细节，在 ELF 可执行程序是由一系列的代码页和数据页组成的，数据页总是出现在代码页的后面，而且不论程序被加载到地址空间的什么位置，代码到数据的偏移量是不变的。所以，如果代码可以将它自己的地址加载到一个寄存器中，而数据总是位于相对于代码地址确定的位置，因此程序可以将这个寄存器作为基地址，通过固定的偏移量找到自己的数据段，而且这种访存方式是非常高效的。

链接器会创建一个全局偏移量表（Global Offset Table, GOT），其中存储了可执行文件中访问的所有全局变量的指针。每一个共享库拥有自己的 GOT，如果主程序也是按照位置无关模式编译的（通常不会这么做），那么它也会有一个 GOT。在表 GOT 中，ELF 可执行程序中的每一个数据只有一个指针，不论在该可执行程序中有多少个例程引用了它。

　　如果一个例程需要引用全局数据或静态数据，那它就需要加载 GOT 的地址。这一过程在 386 上典型实现如下，具体细节随体系结构不同会有所变化。

```
   call .L2 ;; 将 PC 压入栈中
.L2:
   popl %ebx ;; 将 PC 取至 EBX 寄存器
   addl $_GLOBAL_OFFSET_TABLE_+[.-.L2], %ebx;; 调整 EBX 使其指向 GOT 的地址
```

首先使用一个 call 指令调用紧跟其后的地址，这样做可以将程序计数器 PC 压入栈中而且不会产生跳转，然后用 pop 指令将保存的 PC 加载到一个寄存器中，然后再加上 call 的目标地址和 GOT 地址之间的差。在一个由编译器生成的目标文件中，会专门生成一个针对 addl 指令操作数的重定位项，其类型为 R_386_GOTPC。这一重定位项用于告诉链接器在重定位时需要将这一条指令中的 $_GLOBAL_OFFSET_TABLE_ 替换为从当前指令到 GOT 基地址的偏移量，同时也告诉链接器需要在输出文件中建立 GOT。在输出文件中，由于 addl 到 GOT 之间的距离是固定的，所以就不再需要重定位了[⊖]。

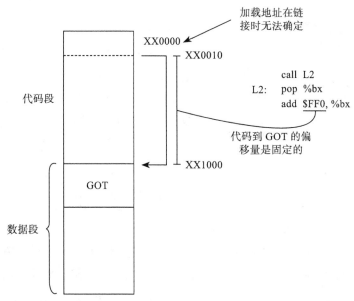

图 8-3　代码和数据之间偏移量固定情况下的位置无关代码方案。即使程序被加载到地址空间的不同位置，代码页对与数据的偏移量仍然是不变的

　　程序数据段中的静态数据与 GOT 之间的距离在链接时被固定了，所以 GOT 寄存器被加载之后，代码就可以将指向 GOT 的寄存器作为一个基址寄存器来引用局部静态数据了。全局数据的地址只有在程序被加载后才被确定（参看第 10 章），所以为了引用全局数据，代码

⊖　需要注意的是，ebx 中的地址是 call 指令行的地址，不是 addl 指令行的地址，所以 ebx 在加上 _BLOBAL_OFFSET_TABLE 之后，还要加上 addl 指令行到 call 指令行的距离，也就是 [.-.L2]，才能够调整为 GOT 的基地址。——译者注

必须从 GOT 中加载数据的指针，然后通过这个指针找到相应的数据。这个多余的内存引用使得程序稍微慢了一些，但是它为开发人员使用动态链接库提供了很多方便，因此付出这个代价是值得的。对速度要求较高的代码可以使用静态共享库（参看第 9 章）或者根本不使用共享库。

为了支持位置无关代码（PIC），除了 R_386_GOTPC（或者其等价的标识）之外，ELF还定义一些特殊的重定位类型代码。这些类型是体系结构相关的，是为了 x86 体系结构设计的：

- R_386_GOT32：链接器为给定符号创建的指针在 GOT 表中的相对位置。这种重定位类型主要用来实现全局变量的间接引用。
- R_386_GOTOFF：给定符号或地址相对于 GOT 基地址的偏移量。用来相对于 GOT实现对静态数据的寻址。
- R_386_RELATIVE：用来标记那些 PIC 共享库中需要在加载时进行重定位的数据地址。

例如，参看下列 C 代码片段：

```
static int a; /* 静态变量 */
extern int b; /* 全局变量 */
...
a = 1; b= 2;
```

变量 a 被分配在目标文件的 BSS 段，这意味着它与 GOT 之间的距离是固定的。目标代码可以用 ebx 作为基址寄存器，加上它与基于 GOT 的相对偏移量直接引用这个变量：

```
movl $1, a@GOTOFF(%ebx);; 利用 R_386_GOTOFF 来访问变量 "a"
```

b 是全局变量，在不同的 ELF 库或可执行文件中它的位置是变化的，因此它的位置只有在运行时才能知道。为了访问 b，链接器在 GOT 表中创建一个指向 b 的指针，目标代码通过指针实现数据访问：

```
movl b@GOT(%ebx), %eax;; 利用 R_386_GOT32 得到 "b" 的地址
movl $2, (%eax)
```

注意编译器只会创建一个 R_386_GOT32 引用，因此需要链接器收集所有类似的引用并为它们在 GOT 中创建相应的槽位（slot）。

最后，ELF 共享库中还保存了若干个 R_386_RELATIVE 类型的重定位项。这些重定位项用于供加载器进行运行时重定位，我们将在第 10 章讨论动态链接器的部分内容。由于共享库中的代码总是位置无关的，所以不必对代码进行重定位，但数据不是位置无关的，所以对于数据段的每一个指针都有一个重定位项。实际上，也可以创建位置相关的共享库，这种情况下，库文件中会同时存在代码的重定位项，但这样会使得代码无法共享，所以几乎没有人这么做。

8.3.5　位置无关代码的开销和收益

PIC 的收益是很明显的：它使得程序不需进行加载时重定位即可加载代码；可以在进程间共享代码所占据的内存页面，而且不要求它们一定要被分配到相同的地址空间中。但是这样会在加载时、在过程调用时以及在函数开始和结束时产生一定的性能影响，全局的访存也会变慢。

在加载时，虽然位置无关代码文件的代码段不需要重定位，但是数据段需要。在规模较大的库中，TOC 或 GOT 可能会非常大，以至于要花费很长的时间去解析其中的所有项。这个问题我们将在第 10 章中讨论。在同一个可执行文件中通过 R_386_RELATIVE（或等价符号）来重定位 GOT 中的数据指针是相当快的，但是问题在于很多 GOT 项中的指针指向别的可执行文件，此时就需要查找符号表才能解析。

在 ELF 可执行文件中的调用通常都是动态链接的，甚至于在同一个库内部的调用也要靠动态链接来实现，这就明显增加了运行时开销。我们将在第 10 章再次讨论这个问题。

在 ELF 文件中函数的开始和结束是相当慢的。它们必须保存和恢复 GOT 寄存器，在 x86 中就是 ebx。同时，通过 call 和 pop 将程序计数器 PC 保存到一个寄存器中也是很慢的。从性能的观点来看，AIX 使用的 TOC 方法更好，因为例程调用过程中可以假定它的 TOC 寄存器已经保存在相应的调用项中了。

最后，PIC 代码要比 non-PIC 代码更多、更慢，变慢的程度主要依赖于体系结构。RISC 系统受到的影响不大，因为 RISC 系统中拥有大量寄存器且无法直接寻址，TOC 或 GOT 指针会占用一个寄存器，但是影响并不明显，并且因为硬件本身没有直接寻址，借助 GOT 访问全局变量也没有增加太多的时间。最坏的情况出现在 x86 体系结构中，它只有 6 个寄存器，所以用一个寄存器当作 GOT 指针对代码的影响非常大。由于 x86 可以直接寻址，对外部数据的引用在 non-PIC 代码下可以是一个简单的 MOV 或 ADD，但在 PIC 代码下就需要先加载地址，然后再运行 MOV 或 ADD。也就是说，动态链接库既增加了额外的内存访问操作，又占用了宝贵的寄存器作为临时指针。因此，在 x86 系统上 PIC 代码的性能降低是非常明显的，以至于对于速度要求严格的任务不得不对现有的共享库方案进行一些修改，我们将在后面的两章分析这些细节。

8.4　自举加载

我们前面讨论的加载，有一个前提条件就是计算机系统中已经存在一个操作系统或至少有一个程序加载器在运行，由它负责完成程序的加载。但是这种由一个程序加载另一个程序的链条总得有一个开始的地方吧，所以接下来我们讨论最初的程序是如何被加载到计算机中去的。

在现代计算机中，计算机在硬件复位后运行的第一个程序总是来自自举 ROM（bootstrap ROM），它保存在只读存储器（Read Only Memory）中。这个过程就像"拉着自己的靴子把自己提起来一样"，因此叫作系统自举（bootstrap）。当处理器上电或者复位后，它将寄存器复位为一个预定好的状态。例如，在 x86 系统复位时会跳转到距离系统地址空间顶部 16 字节的地方。自举 ROM 硬件占用了地址空间顶端的 64K，ROM 中的代码用于启动计算机。在符合 IBM 兼容机协议的 x86 系统上，自举 ROM 的代码将读取软盘上的第一个块，如果失败的话就读取硬盘上的第一个块，并将读到的内容放于内存地址 0 处，然后再跳转到地址 0。接下来，放在位置 0 的程序从磁盘上一个已知的位置上加载操作系统引导程序到内存中（这个被加载程序会稍微大一些，因此无法通过自举 ROM 加载），然后再跳转到操作系统的引导程序，加载并运行操作系统（这个过程的步骤可能更多更复杂，例如引导管理器需要决定从哪个分区上读取操作系统的引导程序，但加载器的主要功能是不变的）。

为什么不直接加载操作系统？因为你无法将一个操作系统的引导程序放置在 512 个字节内。第一级引导程序只能从引导磁盘的顶级目录中加载一个名称固定、且大小不超过一个段的程序。操作系统引导程序其实功能非常复杂，需要读取和解释配置文件、解压一个压缩的操作系统内核、访问大量的内存区域（在 x86 系统上，引导程序通常运行在实模式下，这意味着它只能寻址 1MB 的地址空间）。最终操作系统还要开启虚拟内存管理系统，加载需要的驱动程序，并运行用户级程序。

很多 UNIX 系统使用一个与自举过程类似的方法来运行用户程序。内核创建一个进程，在其中装填一个只有几十个字节长度的小程序。然后这个小程序执行一个系统调用以运行 /etc/init 程序，这是一个用户模式的初始化程序，它会依次运行系统所需要的各种配置文件、启动服务进程和登录程序。

应用程序的开发人员并不会关注这个过程，但是如果你想编写运行在裸设备上的程序时，这个过程就变得有趣多了，这时你需要分析并实现自举过程，让它运行自己的程序，而不能像通常那样依靠操作系统。有一些系统对这一功能提供了支持，例如在 Windows95 中只需要在 AUTOEXEC.BAT 中写入你要运行的程序名称再重新启动即可。对另外一些系统而言则几乎是不可能的，需要手动修改系统进行定制才行。例如，在 UNIX 上如果想在系统启动后仅运行一个程序，可以用应用程序覆盖 /etc/init[⊖]。

8.5 基于树状结构的覆盖技术

本章的最后我们来学习基于树状结构的覆盖技术，这一技术能够让程序运行在比自己小的内存中，是虚拟内存出现之前广泛使用的一种方案。覆盖技术在 20 世纪 60 年代以前就已经出现，并且在一些内存容量非常有限的系统中仍在使用。到了 1980 年，在这一技术出现的 25 年后，有一些 MS-DOS 的链接器也开始支持树状结构覆盖，与那些大型计算机一样。虽然现在常用的系统上已经很少使用覆盖技术了，但是链接器在这一过程中用于创建和管理覆盖的技术仍然值得分析和学习。同样，为覆盖技术开发的段间调用技术也为动态链接库提供了思路。对于类似于 DSP 这样程序地址空间非常有限的运行环境，覆盖技术仍然是加载程序的一个好办法。覆盖管理器可以做得很小，使得这一技术更加实用。OS/360 的覆盖管理器仅有 500 字节大小，作者曾经实现过一个只占用几十个字节空间的覆盖管理器，用在一个只有 512 个字的寻址能力的图形处理器上。

覆盖技术需要将程序的代码分为若干个段组成的树，如图 8-4 所示。

开发人员需要手动地将目标文件或者某一段目标代码分割多个覆盖段。覆盖树中的兄弟段可以共享同一块内存空间。例如，段 A 和段 D 共享同一块内存空间，B 和 C 共享同一块内存空间，E 和 F 共享同一块内存空间。到达一个特定段所经过的各个段的序列称为一个路径（path），所以 E 的路径包括根（root）、D 和 E[⊖]。

⊖ 在现代的 UNIX 系统上这是不可行的，因为 init 还承担了一些系统的基本任务，如文件系统挂载等，不运行它很可能导致其他程序都不能运行。——译者注

⊖ 在覆盖技术使用的过程中，仅为程序加载对应路径上的段，从而可以减少程序的内存用量，因为 A 和 D 不在同一路径上，且 A 和 D 所需的内存容量相同，因此可以相互替换，而不必同时加载，这是覆盖技术节省内存思路的精髓。——译者注

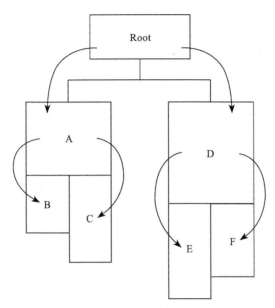

图 8-4　一个典型的覆盖树结构。根（ROOT）调用 A 和 D。A 调用 B 和 C，D 调用 E 和 F

当程序启动后，系统首先加载包含程序入口点的根（root）段。每次当一个例程产生一次向下（downward）的段间调用时，覆盖管理器需要确保被调用目标的路径沿线上的段都已经被加载。例如，如果根（root）调用了段 A 中的一个例程，如果段 A 没有在内存中，那么覆盖管理器就要加载段 A。如果 A 中的一个例程调用了 B 中的一个例程，管理器就要确保 A 和 B 的都被加载了。而对于"向上（upward）"的调用，由于从根（root）到当前点的路径都已被加载到内存中了，所以不需要额外的操作。

跨越树的分支的调用被称为"独占调用（exclusive call）"，通常情况下会被认为是个错误，只有确定这个函数不会再返回到原有的控制流时才能使用⊖。因此覆盖链接器仅允许开发人员在确定调用例程不需要返回的情况下强制使用独占调用。

8.5.1　定义覆盖技术

覆盖链接器读入普通的目标文件，并以此创建支持覆盖的可执行程序。目标代码不包含任何的覆盖指令，开发人员需要使用一种由链接器读取和解释的命令语言来指明覆盖结构。图 8-5 展示了一个覆盖结构的细节，其中包含了加载到每一个段中的例程名称。

图 8-6 展示了一个链接器命令片段，用于通知 IBM 360 链接器创建图 8-5 展示的这种结构。空格并不影响程序逻辑，所以我们对命令进行了缩进，为了与图 8-5 的树状结构相对应。OVERLAY 命令用于定义每一个段的开头；相同覆盖名的段用于表示可以覆盖彼此的段。所以第一个 OVERLAY AD 中定义了段 A，第二个 OVERLAY AD 定义了段 D。覆盖段按照从左到右、深度优先的顺序在对树中的段依次进行定义。INCLUDE 命令指定了链接器要读取的逻辑文件。

⊖　独占调用意味着需要放弃已加载的路径上的所有的段，转而加载被调用者所在的段，以及其相应的路径。——译者注

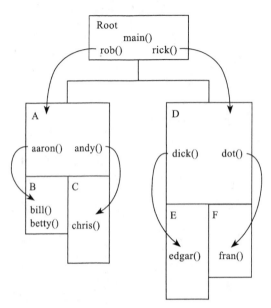

图 8-5 一个典型的覆盖树结构。根（ROOT）中的 rob、rick 调用 A（aaron、andy）和 D（dick、dot），A 调用 B（bill、betty）和 C（chris），D 调用 E（edgar）和 F（fran）

```
INCLUDE ROB
INCLUDE RICK
OVERLAY AD
  INCLUDE AARON, ANDY
  OVERLAY BC
    INCLUDE BILL, BETTY
  OVERLAY BC
    INCLUDE CHRIS
OVERLAY AD
  INCLUDE DICK, DOT
  OVERLAY EF
    INCLUDE EDGAR
  OVERLAY EF
    INCLUDE FRAN
```

图 8-6 链接器命令

如何提高空间的利用率是开发人员需要解决的问题。如果多个段共享一个空间，那么需要分配的空间是这些段中最长的那个。例如，下面列出了这些文件的长度，以十进制表示：

名称	长度	名称	长度
rob	500	chris	3000
rick	1500	dick	3000
aaron	3000	dot	4000
andy	1000	edgar	2000
bill	1000	fran	3000
betty	1000		

分配存储空间的过程如图 8-7 所示。每一个段的开始位置紧跟着路径中的前一个段，

程序总的大小由最长的路径决定。这个程序的覆盖结构是比较平衡的，其中最长的路径是12000，最短的是8000。在保持有效（不考虑独占调用）的前提下调整覆盖结构，以使之尽可能地紧凑和高效，是一个非常有挑战性的任务，需要大量检验、调错的工作，有时还需要一些灵感。由于覆盖是完全在链接器中处理定义的，每次调试所进行的重链接并不需要重编译。

```
0 rob
500 rick

2000 aaron                            2000 dick
5000 andy                             5000 dot

6000 bill         6000 chris
7000 betty        9000 ----      9000 edgar      9000 fran
8000 ----                        11000 ----      12000 ----
```

图 8-7　覆盖存储布局

8.5.2　覆盖技术的实现

覆盖技术的实现非常简单。首先由链接器确定各个段的布局，然后根据每一个段的位置对其中的代码进行重定位。链接器需要在根（root）段中创建一个段表，然后在每一个段中为向下调用的例程添加一些段的检查和加载的代码。

段表的结构如图 8-8 所示，每一个段都有一个标识该段是否被加载的标志、段的路径以及从磁盘加载段时所需的信息。

```
struct segtab {
  struct segtab *path;      // 路径中的前一个段
  boolean ispresent;        // 如果该段已被加载则为真
  int memoffset;            // 加载的相对地址
  int diskoffset;           // 在可执行程序中的位置
  int size;                 // 段大小
} segtab[];
```

图 8-8　理想化的段表

链接器在每一个向下的调用前插入粘合代码，这样使得覆盖管理器能够确保需要的段已被加载。段通常在较高级别的例程中使用粘合代码，而不是在较低级别的例程中使用粘合代码。例如，如果根（root）中的例程调用 arron、dick 和 betty，根（root）就需要这三个符号的粘合代码。如果段 A 包含对 bill、betty 和 chris 的调用，则 A 需要加载 bill 和 chris 的粘合代码，而且可以直接使用已经存在于根（root）中的 betty 的粘合代码。所有的向下调用（针对全局符号的）在进行真正的例程调用前都需要通过粘合代码解析，图 8-9 展示了这个过程。由于粘合代码对于调用者和被调用者都是透明的，所以它需要保存任何会被它修改的寄存器，然后跳转到覆盖管理器，提供真正例程的地址并指明该例程所在的段。这里我们使用了一个指针，实际上使用段表 segtab 中的一个索引也是可行的。

在运行时，系统加载根（root）段并运行它。对于每一个向下调用，粘合代码都会调用覆盖管理器。管理器查看目标段的状态。如果段当前在内存中，则管理器跳转到实际的例程。如果段当前不在内存中，则管理器加载目标段和在路径上其他的未加载段，将任何冲突的段都标记为当前不在内存中，并将刚加载的段标记为当前在内存中，然后再跳转到对应地址。

```
glue'betty: call load_overlay
  .long betty          // 实际例程的地址
  .long segtab+N       // 段 B 在段表 segtab 中的地址
```

图 8-9   在 x86 中使用的理想化的粘合代码

8.5.3   覆盖技术的其他细节

覆盖技术看起来很优雅，但实现的细节要比想象的复杂得多。

数据

我们刚刚讨论了覆盖过程的代码结构化，但没有讨论任何关于数据的问题。每一个例程可能都有自己的私有数据，需要与代码一同加载到段中，同时，但是调用之间也会有数据传递，这些全局的数据都需要被推到树的足够高的层次，以确保数据不会被错误地卸载或重复加载。在实际使用中，这意味着多数全局变量都记录在根（root）中。当在 Fortran 程序中使用覆盖时，覆盖链接器可以定位那些用作例程间通信区域，并将标记为公共块。例如，如果 dick 调用 edgar 和 fran，而后两个例程都引用了一个公共块，那么这个公共块可以作为一个通信区域保存在段 D 中。

复制的代码

为了更好地划分覆盖块的树状结构，常常会用到代码覆盖技术。在我们的例子中，假设 chris 和 edgar 都调用名为 greg 的例程，其长度为 500 字节。那么在根（root）中就必须存在一个 greg 的副本，因为在树的其他任何地方放置 greg 都会在 chris 或 edgar 调用它的时候导致独占调用（exclusive call），这就增加了被加载程序的总尺寸。另一方面来看，如果在段 C 和段 E 都加入一个 greg 的副本，那么被加载程序的总尺寸将不变，因为段 C 的结尾会从 9000 增长到 9500，段 E 的结尾会从 11000 增长到 11500，这都小于段 F 需要的 12000。

多区域

一个程序的调用结构经常不能很好地映射成一棵树。所以覆盖系统通过先将代码划分成区域，然后为每一个区域建立一个树。区域之间的调用都是通过粘合代码进行。IBM 链接器总共支持 4 个区域，但实际使用中很少需要用到 2 个以上的区域。

8.5.4   覆盖技术小结

由于虚拟内存系统的发展，覆盖技术几乎已经被淘汰了，但它们仍然具有重要的历史意义，因为它第一次使用了链接时的代码生成和代码修改。它需要开发人员大量的手动操作以设计和指定覆盖结构，通常都伴随着大量错误的检查和调错工作，以及分段过程中的"数字游戏"，但是它仍然是一种非常有效地将大程序加载到空间受限内存中去的方法。

覆盖技术还促进了链接时函数包装（wrap）技术的发展。这一技术可以在链接的过程包装和调整 call 指令，让一个简单的过程调用做更多的工作，例如加载需要的覆盖段等。在后续的发展中，链接器在很多地方都使用了包装技术。最重要的是我们将在第 10 章涉及动态链接，用于链接一个尚未被加载的库中的例程。在测试和调试中包装技术也非常有用，例如在可疑例程前面使用包装技术插入检测 / 验证代码，就不需要改变或重新编译源文件了。

8.6　练习

1. 使用位置无关代码（PIC）和位置相关代码（non-PIC）编译一些小的 C 例程，位置无关代码要比位置相关代码慢多少？我们有没有必要将现在使用的程序替换成位置无关版本的库？

2. 在覆盖的例子中，假设 dick 和 dot 各自调用 edgar 和 fran，但是 dick 和 dot 彼此不调用。重新分配覆盖的结构，使得 dick 和 dot 共享一块空间，并调整结构分布使得调用树仍然可以工作。现在这个使用覆盖的程序需要多大的空间？

3. 在覆盖段表中，没有明确地标出哪些段是冲突的，即共享同一块内存空间。当覆盖管理器加载一个段或者若干个段组成的路径时，管理器如何决定将哪些段标记为当前不在内存中呢？

4. 在一个没有独占调用的采用覆盖技术的程序中，是否有可能经过一系列的调用后跳转到没有被加载的代码处？在上面的例子中，如果 rob 调用 bill、bill 调用 aaron、aaron 调用 chris，然后所有的例程都返回，会发生什么？要让链接器或者覆盖管理器探测或避免这个问题会有多困难[○]？

8.7　项目

项目 8-1　为链接器增加一个包装（wrap）功能的例程，并增加一个链接器选项

```
-w name
```
用于指定例程并对其进行包装。将所有程序中引用到的给定名称的例程都改变为引用 wrap_name(不要漏掉定义了这个名称的段，这个段的引用都是内部引用)。将原来的例程的名称改为 real_name。开发人员可以编写一个名为 wrap_name 例程实现对原来的例程的包装，并且该例程还可以通过 real_name 调用原来的例程。

项目 8-2　基于第 3 章中的链接器框架，编写一个可以修改目标文件以包装某个符号的工具。将原有对 name 的引用都转为对外部符号 wrap_name 的引用，而现存的例程被重命名为 real_name。为什么有人想要使用这样一种工具而不是将这个特性加入链接器中去呢（提示：要考虑你不是链接器的作者或者维护者的情况）。

项目 8-3　使链接器能够使用位置无关代码（PIC）生成可执行程序。为了实现这一功能，我们增加了一些 4 字节的重定位类型：

```
loc seg ref GA4
loc seg ref GP4
```

[○]　获取完整的调用序列，并将它们展开成为树的路径，是一个非常困难的问题，这也是覆盖技术发展中的瓶颈之一。——译者注

```
loc seg ref GR4
loc seg ref ER4
```

这些类型是：

- GA4：（GOT 地址）在位置 loc 处保存着到 GOT 的距离。

- GP4：（GOT 指针）在 GOT 中增加一个指向符号 ref 的指针，在位置 loc 处，保存这个指针到在 GOT 中的偏移量。

- GR4：（GOT 相对寻址）在位置 loc 处保存着段 ref 中的一个地址。使用从 GOT 开始位置到该地址的偏移量来替换这个地址。

- ER4：（可执行的相对寻址）在位置 loc 处保存着一个相对于该可执行程序起始位置的相对地址。此时忽略 ref 域。

在链接器的第一遍扫描中，查找所有的 GP4 重定位项，建立一个包含所有被请求的指针的 GOT 段，并将 GOT 段分配在数据段和 BSS 段之前。第二遍扫描时，处理 GA4、GP4 和 GR4 项。在输出文件中，如果输出文件会被加载到它期待的地址以外的位置，则还要为需要重定位的数据建立 ER4 重定位项。这需要涉及输入文件中所有被 A4 或者 AS4 标记的重定位项（提示：不要忘记 GOT）。

共 享 库

程序库的出现可以追溯到计算机技术的最早期，因为程序员很早就意识到通过重用程序的代码片段可以节省大量的时间和精力。随着如 Fortran 和 COBOL 等高级编程语言和编译器技术的发展，程序库成为编程的一部分。这些语言可以通过库显式地使用一些标准函数，如 sqrt()，也可以隐式地使用 I/O、转换、排序等功能。很多实现复杂的常用函数，都可以借助函数库直接使用。随着语言变得更为复杂，库也相应地变复杂了。当作者在 20 世纪 80 年代前写一个 Fortran 77 的编译器时，运行库就已经比编译器本身的工作要多了，而现在看来一个 Fortran 77 的库远比一个 C++ 库要简单得多。

语言库的发展意味着：不但几乎所有的程序都会包含库代码，而且大部分程序中会包含许多相同的库代码。例如，每个 C 程序都要使用系统调用库，几乎所有的 C 程序都使用标准 I/O 库例程，如 printf，此外还有很多别的通用库，如数学库、网络库及其他通用函数库等。这就意味着在一个 UNIX 系统中，如果有一千个编译过的程序，可能就有将近一千份 printf 的复制。如果所有那些程序能共享一份它们用到的库例程的复制，可以节省相当可观的磁盘空间（在一个没有共享库的 UNIX 系统上，一个 printf 的复制大约有 5M 到 10M）。更重要的是，运行中的程序若能共享内存中的库的复制，这就会节省相当可观的主存空间，从而能够节省内存，减少缺页与交换。

共享库的工作方式基本上是相同的。在链接时，链接器搜索整个库以找到那些能够解析那些未定义的外部符号的模块。但链接器不把模块内容复制到输出文件中，而是标记该模块的库名，同时在可执行文件中创建一个库的列表。当程序被加载时，启动代码找到那些库，并在程序开始前把它们映射到程序的地址空间，如图 9-1 所示。标准操作系统的文件映射机制自动共享那些以只读或写时复制映射的页。负责映射的启动代码可能是在操作系统中，也可能在可执行程序中，或者作为一个特殊的动态链接器映射到进程地址空间中，又或是这三者的组合体。

在本章中，我们主要讨论静态链接的共享库，也就是说，库中的程序和数据地址在链接时已经与可执行程序绑定了。在下一章我们会分析更加复杂的动态链接库。尽管动态链接更灵活、更"现代"，但也比静态链接要慢很多，因为在链接时要做的大量工作，而对于动态链接的程序而言，就变成了每次启动时都需要重新做。同时，动态链接的程序通常使用额外的粘合代码来调用共享库中的例程。粘合代码通常包含若干个跳转，这会明显地减慢调用速度。对于同一个计算机系统的共享库，虽然使用动态链接可以获取更多的扩展特性，但是使用静态链接比使用动态链接更快也更小巧。

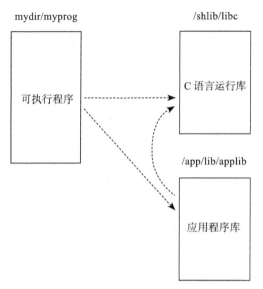

图 9-1   带有共享库的程序

9.1   绑定时间

共享库的绑定时间问题是常规链接的程序不会遇到的。一个在链接时用到了共享库的程序能否在运行时正确运行，依赖于运行环境中这些库的有效性。当所需的库不存在时，就会发生错误。此时，除了打印出一个晦涩的错误信息并退出外，不会有更多的事情要做。

但是，如果库已经存在，但是在程序链接之后库又发生了改变，一个更有趣的问题就会出现了。在一个常规链接的程序中，在链接时符号就被绑定到地址上，同时库代码就已经绑定到可执行程序中了，所以程序所链接的库不会受到随后库变更的影响。对于静态链接的共享库，虽然符号在链接时被绑定到了地址上，但是库代码要直到运行时才被绑定到可执行程序的地址空间中。（对于动态链接的共享库而言，这两个过程都会在运行时发生。）

一个静态链接的共享库不能改变太多，以防破坏与它绑定的程序。因为例程的地址和库中的数据都已经绑定到程序中了，任何对这些地址的修改都将导致灾难。

如果能够保证不改变库中被程序所链接的任何地址，那么此时共享库就可以升级而且不会影响程序对它的调用。这种更新通常用于修复非常微小的 bug。稍大一点的改动不可避免地要修改程序地址，这就意味着一个系统要么需要多个版本的库，要么就要在每次修改库时都重链接所有的程序。在实际使用中，常见的解决办法就是保存库的多个版本，因为磁盘空间便宜，而分析每一个程序用到的共享库并重链接它们几乎是不可能的。

9.2   实际使用的共享库

本章余下的部分将分析 UNIX System V Release 3.2（缩写为 SVR3.2）（COFF 格式），较早的 Linux 系统（a.out 格式），以及 4.4BSD 的派生系统（a.out 和 ELF 格式）中使用的静态共享库技术。这三者的工作方式几乎相同，但又存在一些具有启发意义的差异。在 SVR3.2 的实现中，修改了链接器来支持共享库的搜索，扩展了操作系统以强力支持运行时加载的需求。Linux 的实现需要对链接器进行一些小的调整，并增加一个系统调用以辅助库映射。BSD/OS 的实现不对链接器或操作系统做任何改变，它使用一个脚本为链接器提供必要的参数，并修改了标准 C 库的启动例程以实现库的映射。

9.3　地址空间管理

共享库中最困难的就是地址空间管理。每一个共享库在使用它的程序里都占用一段固定的地址空间。不同的库如果能够出现在同一个程序中，它们还必须使用互不重叠的地址空间。虽然机械地检查库的地址空间是否重叠在理论上是可行的，但是给不同的库赋予相应的地址空间仍然需要高超的技巧。首先需要这些库之间留一些空隙，这样当其中某个新版本的库增长了一些时，它不会延伸到下一个库的空间而发生冲突；其次需要将最常用的库尽可能紧密地放在一起以节省需要的页表数量（例如在 x86 上，一个二级页表项只能对应进程地址空间中一个 4MB 的块）。

每个系统的共享库地址空间管理中都必然会用到一个主表，库从离应用程序很远的地址空间开始编排。Linux 从十六进制的 60000000 开始，BSD/OS 从 A0000000 开始。产品的维护者会进一步细分这些地址空间，分别用于厂商提供的库、用户的库和第三方库等，比如在 BSD/OS 中，用户和第三方库开始于地址 A0800000。

通常库中会明确地定义其代码地址和数据地址，其中数据区域会从代码区域结束地址后的一个页对齐的地方开始，并且留有一到两个页的空隙。由于一般的版本更替都不会更新数据区域的布局，而是只增加或者更改代码区域，所以这样的布局更加有利于小规模的版本更新。

每一个共享库都会导出符号，包括代码和数据，而且如果这个库依赖于别的库，那么通常也会导入符号。虽然以随机的顺序将例程链接为一个共享库也能工作，但是真正的库会遵循一些分配地址的原则而使得链接过程更容易，或者至少在更新库的时候能够尽可能避免修改导出符号的地址。对于代码地址，库中会保存一个可以跳转到所有例程的跳转表，表中的每一项都是一个跳转指令，用于跳转到库中导出的例程。在导出符号时，会将这些跳转指令的地址导出，而不是导出这些例程的实际地址。所有跳转指令的大小都是相同的，所以跳转表的地址很容易计算，并且只要表中不在库更新时加入或删除表项，那么这些地址将不会随版本改变。每一个例程多出一条跳转指令不会明显的降低速度。由于实际的例程地址是不可见的，所以即使新版本与旧版本的例程大小和地址都不一样，库的新旧版本仍然是可兼容的。

对于导出的数据，情况就要复杂一些，因为没有一种像处理代码地址那样增加一个间接层的简单方法。在实际使用中，导出数据一般是一些很少变动的、尺寸已知的表，例如 C 的标准 I/O 库中的 FILE 结构、或者像 errno 那样的单字数值（最近一次系统调用返回的错误代码）、或者是 tzname（指向当前时区名称的两个字符串的指针）。建立共享库的开发人员可以收集这些输出数据并放置在数据段的开头，使它们位于每个例程中所使用的匿名数据的前面，这样使得这些导出地址在库更新时几乎不会有变化。

9.4   共享库的结构

共享库使用的是可执行文件的格式，包含了所有的库代码和数据的，而且已经为映射入内存做了准备，如图 9-2 所示。

| 文件头 |
| （初始化例程，可选的） |
| 跳转表 |
| 代码 |
| 全局数据 |
| 私有数据 |

图 9-2   典型共享库的结构

一些共享库会使用一个小的自举例程作初始代码，用于映射库的剩余部分。之后是跳转表，如果它不是库的第一个内容，那么就把它对齐到下一个页开始的位置。库中每一个导出的公共例程的地址就是跳转表的一个表项；跟在跳转表后面的是代码段的剩余部分（由于跳转表是可执行代码，所以它被当作代码段的一部分），然后是导出数据和私有数据。在逻辑上 BSS 段应跟在数据的后面，但是 BSS 段并不用保存在文件中，就像在其他的可执行文件一样。

9.5   创建共享库

一个 UNIX 共享库实际上包含两个相关文件，一个是共享库本身，另一个是给链接器用的占位符库（stub library）。库创建工具以归档格式的普通库和一些包含控制信息的文件作为输入生成上述这两个文件。占位符库不包含任何的代码和数据（可能会包含一个小的自举例程），但是它包含了程序链接该库时需要使用的符号定义。

创建一个共享库需要以下几步，我们会对它们进行详细的分析：

- 确定库的代码和数据将被定位到什么地址。
- 扫描输入的库文件以找到所有导出的代码符号（如果某些符号是用来在库内通信的，那么需要有一个控制文件列出这些不对外导出的符号）。
- 创建一个跳转表，表中的每一项分别对应每个导出的代码符号。
- 如果在库的开头需要有一个初始化或加载例程，那么就编译或者汇编它。
- 创建共享库。运行链接器把所有内容都链接为一个大的可执行格式文件。
- 创建占位符库：从刚刚建立的共享库中提取出需要的符号，根据输入库的符号调整这些符号。为每一个库例程创建一个占位符例程。在 COFF 格式的库中，还会有一个小的初始化代码放在占位符库里并被链接到每一个可执行程序中。

9.5.1　创建跳转表

创建一个跳转表的最简单的方法就是编写一个全是跳转指令的汇编源代码文件，如图 9-3 所示，然后汇编它。这些跳转指令需要使用一种系统的方法来标记，这样以后占位符库就能够把这些地址提取出来。

对于 x86 这样的平台，因为跳转指令的长度会有很多种，所以跳转表的构造会稍微复杂一点。对于含有小于 64K 代码的库，3 个字节的短跳转指令就足够了。对于较大的库，需要使用更长的 5 字节跳转指令。将不同长度的跳转指令混在一起并不是一个好的解决方案，因为它会使得表的地址计算非常复杂，同时在以后重建库时也难以确保兼容性。最简单的解决方法就是都采用最长的跳转指令；或者全部都使用短跳转，对于那些使用短跳转太远的例程，则用一个短跳转指令跳转到放在表尾的长跳转指令（这些长跳转指令是匿名的，不再导出符号）。通常这种方法带来的麻烦比它的好处更多，因为跳转表一般只有几十项，能够节省的空间非常有限。

```
... 从一个页的边界起始
      .align 8; 每条指令按照 8 字节对齐，以避免跳转指令长度变化产生的影响
JUMP_read: jmp _read
      .align 8
JUMP_write: jmp _write
...
_read: ... read() 函数的代码
  ...
_write: ... write() 函数的代码
```

图 9-3　跳转表

9.5.2　创建共享库

一旦跳转表和加载例程（如果需要的话）建立好之后，创建共享库就很容易了。只需要使用合适的参数运行链接器，让代码和数据从正确的地址空间开始，将自举例程、跳转表和输入库中的所有例程都链接在一起。这个过程可以为库中的每个符号分配地址的同时完成共享库的创建。

库之间的引用会稍微复杂一些。例如，如果需要创建一个共享的数学库，它要使用标准 C 库中的例程，那就要确保引用的正确性。假定链接器创建新库时需要用到的共享库中的例程已经建好，那么它只需要搜索该共享库的占位符库，就像普通的可执行程序引用共享库那样。这个过程可以保证准确地找到所有的引用。只留下一个问题，就是需要有某种方法确保任何使用新库的程序也能够链接到旧库上。对新库的占位符库进行适当设计就可以实现这一点。

9.5.3　创建占位符库

创建占位符库是创建共享库过程中巧妙的部分之一。对于库中的每一个例程，无论是导入符号还是导出符号，占位符库中都要包含一个对应项。

数据全局符号可能会被链接器放在共享库中的任何地方，获取它们的数值的最合理的办法就是创建一个带有符号表的共享库，并从符号表中提取符号以找到数据符号的地址。对于代码全局符号，入口地址都在跳转表中，所以同样很简单，只需要从共享库中提取符号表或者根据跳转表的基地址和每一个符号在表中的位置来计算符号地址。

不同于普通库模块，占位符库模块中既不包含代码也不包含数据，只包含符号定义。这些符号必须定义成绝对地址，而不是可重定位的，因为共享库已经完成了所有的重定位。库创建程序从输入库中提取出每一个例程，并从这些例程中得到已定义和未定义的全局符号，以及每一个全局符号的类型（代码或数据）。然后它创建空白的占位例程，通常都是一个很小的汇编程序，根据跳转表中每一项的地址，为其依次定义代码全局符号，根据共享库中的实际地址为每个数据段或 BSS 段定义全局符号，并以"未定义"的形式定义没有定义的全局符号。当它完成所有占位符的定义后，就对其进行汇编并将它们合并到一个普通的归档文件库中。

COFF 占位符库使用了一种不同的设计，实现起来更加简单。COFF 的占位符库是一个目标文件，其中有它两个命名段。其中，.lib 段包含了指向共享库的所有重定位信息，.init 段包含了将会链接到每一个客户程序中的初始化代码，一般用于初始化库中的变量。

Linux 的共享库更简单，a.out 文件格式中有一种特殊的符号定义，用于设置向量，后文我们会分析如何在链接过程中使用它。

共享库的名称一般是原先的库名加上版本号。如果原先的库名为 /lib/libc.a（这通常是 C 库的名称），当前的库版本是 4.0，占位符库的名称就是 /lib/libc_s.4.0.0.a，共享库就是 /shlib/libc_s.4.0.0（多出来的 0 用于表示小版本的升级）。一旦库被放置到相应的目录下面，它们就可以被使用了。

9.5.4　版本命名

任何共享库系统都需要有一种办法处理库的多个版本。当一个库被更新后，新版本相对于之前版本而言在地址和调用上都有可能兼容或不兼容。UNIX 系统使用前面提到的版本命名序号来解决这个问题。

第一个数字只有在每次发布不兼容的全新的库的时候才被改变。一个和 4.x.x 的库链接的程序不能使用 3.x.x 或 5.x.x 的库。第二个数是小版本。在 Sun 系统上，每一个可执行程序所链接的库表示了运行时可以正常工作的最小的版本号，也就是说，如果程序链接的是 4.2.x，那么它就可以和 4.3.x 一起运行而 4.1.x 则不行。还有一些系统会将第二个数字当作第一个数字的扩展，这样的话使用一个 4.2.x 的库链接的程序就只能和 4.2.x 的库一起运行。第三个数字通常都被当作补丁修补的次数标识。理论上来说任何的补丁修补次数都是可用的，但是可执行程序一般倾向于加载补丁修补次数最多的库。

不同的系统在运行时查找对应库的方法也会略有不同。Sun 系统有一个相当复杂的运行时加载器，在库目录中查看所有的文件名并挑选出最好的那个。Linux 系统使用符号链接避免了搜索过程。如果库 libc.so 的最新版本是 4.2.2，库的名称是 libc_s.4.2.2，同时这个库也会创建一个符号链接名为 `libc_s.4.2`，那么加载器将仅需打开名称较短的文件，就找到了正确的版本。

多数系统都允许共享库存在于多个目录中，使用类似于 LD_LIBRARY_PATH 的环境变量指定可执行程序搜索库的路径，以允许开发人员使用他们自己的库替代原先的库进行调试或性能测试（使用"set user ID"的特性以切换运行程序的当前用户，并忽略 LD_LIBRARY_PATH 以避免加载用户恶意指定的存在安全漏洞的"特洛伊木马"库）。

9.6 链接时使用共享库

使用静态共享库来链接，比创建库要简单得多，因为几乎所有用于确保链接器正确解析库中程序地址的困难工作，都在创建占位符库时完成了。唯一困难的部分就是在程序开始运行时将需要的共享库映射进来。

每一种格式都会提供一个小技巧，用于让链接器创建库的列表，以便启动代码把库映射进来。COFF 库使用一种简单粗暴的方法；链接器在 COFF 文件中为每一个库创建了一个段，段的名称就是库的名称。Linux 链接器的方法稍微温和一些，它创建了一种称为设置向量的特殊符号类型。设置向量像普通的全局符号一样，但如果存在多个定义，这些定义会被放进一个以该符号命名的数组中。每个共享库定义一个设置向量符号 __SHARED_LIBRARIES__，它的值是一个地址，指向一个由库名、版本、加载地址等构成的数据结构。链接器会根据这些符号创建一个指针数组并将其命名为 __SHARED_LIBRARIES__，其中每一个指针项指向一个这种数据结构。启动代码可以根据符号名称找到并使用这个数组。BSD/OS 共享库没有使用任何的此类链接器技巧。它使用 Shell 脚本建立一个共享的可执行程序，用来搜索以参数指定或者隐式传入的库列表，提取出这些文件的名称并根据系统文件中的列表来找到这些库的文件名称和加载地址，然后编写一个小的汇编源文件创建一个数组，其中每一项都包含库名称和加载地址，汇编这个文件，把得到的目标文件加入链接器的参数列表中。

无论上述哪一种情况，从程序代码到库地址的引用都是通过占位符库中的地址自动解析的。

9.7 运行时使用共享库

启动一个使用共享库的程序需要三步：加载可执行程序、映射库、进行库特定的初始化操作。首先，系统会将可执行程序按照通常的方法加载到内存中。之后，在不同的系统上处理方法会有差别。System V.3 对内核进行扩展以处理链接 COFF 共享库的可执行程序，其内核会查看库列表并在程序运行之前将它们映射进来。这种方法的不利之处在于内核臃肿，而且不可分页的内核会增加更多的代码；并且由于这种方法缺少灵活性和可升级性的考虑，所以 System V.4 整个抛弃了这种策略，转而采用第 10 章讲到的 ELF 动态共享库。

Linux 增加了一个 `uselib()` 系统调用，它的输入参数是库的文件名称和加载地址，并能够将库映射到程序的地址空间中。在可执行程序的启动例程中增加了一个库的初始化过程，它会搜索程序用到的库列表，并对每一项执行 `uselib()`。

BSD/OS 的方法是使用标准的 mmap() 系统调用将一个文件的多个页映射进地址空间，该方法还增加了一个链接到每个共享库起始处的自举例程。可执行程序中的启动例程遍历共享库表，打开每个对应的文件，将文件的第一页映射到加载地址中，然后调用各自的自举例程，该例程位于可执行文件头之后的起始页附近的某个固定位置。然后自举例程再映射余下的代码段、数据段，然后为 BSS 段映射新的地址空间，然后自举例程就结束了。

所有的段被映射了之后，通常还有一些库特定的初始化工作要做，例如，程序中如果有一个指针指向 C 标准库中的系统环境全局变量 environ，就需要在库加载完成之后再进行初始化设置。COFF 的实现是从程序文件的 .init 段收集初始化代码，然后在程序启动代码中运行它。根据库的不同，它有时会调用共享库中的例程，有时不会。Linux 的实现中没有进行任何的库初始化，并且在开发文档中通知开发人员，在程序和库中定义相同的变量有可能导致程序无法正常工作。

在 BSD/OS 实现中，C 库的自举例程会接收到一个指向共享库表的指针，并将所有其他的库都映射进来，并且尽可能减小需要链接到可执行文件中的代码量。最近版本的 BSD 使用 ELF 格式的可执行程序。ELF 头有一个 interp 段，其中包含一个运行该文件时需要使用的解释器程序的名字。BSD 使用共享的 C 库作为解释器，这意味着在程序启动之前内核会将共享 C 库先映射进来，这就节省了一些系统调用的开销。库自举例程进行的是相同的初始化工作，将库的剩余部分映射进来，最后通过一个指针，调用程序的 main 例程。

9.8 malloc 的处理以及其他共享库问题

虽然静态共享库具有很好的性能，但是对它们进行长期维护是非常困难的，也容易出错，下面给出一些问题示例。

在一个静态库中，所有的库内调用都被永久绑定了，所以不可能将库中使用的某个例程通过重新定义方式替换为某个程序中所使用的私有版本的同名例程。多数情况下，由于很少有程序会对标准库中如 read()、strcmp() 等例程进行重新定义，所以永久绑定不是什么大问题；并且如果它们自己的程序使用私有版本的 strcmp()，但库例程仍调用库中标准版本，那么也没有什么大问题。

但是很多程序定义了它们自己的 malloc() 和 free()，这是管理堆存储的例程；如果在一个程序中存在这些例程的多个版本，那么程序将不能正常工作。例如，标准 strdup() 例程会返回一个指向用 malloc 分配的字符串指针，当程序不再使用它时可以释放它。如果库使用 malloc 的某个版本来分配字符串的空间，但是应用程序使用另一个版本的 free 来释放这个字符串的空间，那么就会发生混乱。

为了能够支持应用程序使用它们自己版本的 malloc 和 free，System V.3 的共享 C 库使用了一种"丑陋"的技术，如图 9-4 所示。系统的维护者将 malloc 和 free 重新定义为间接调用，通过绑定到共享库的数据部分的函数指针实现，我们称它们为 malloc_ptr 和 free_ptr，定义代码如下所示。

```
extern void *(*malloc_ptr)(size_t);
extern void (*free_ptr)(void *);
```

```
#define malloc(s) (*malloc_ptr)(s)
#define free(s) (*free_ptr)(s)
```

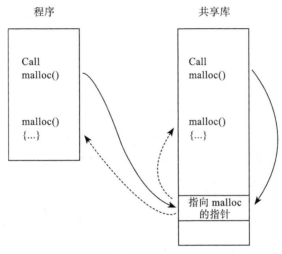

图 9-4　malloc hack

然后它们重新编译了整个 C 库，并将下面的几行内容（或汇编实现的等价内容）加入占位符库的 .init 段，这样它们就被加入到每个使用该共享库的程序中了。

```
#undef malloc
#undef free
malloc_ptr = &malloc;
free_ptr = &free;
```

由于将被绑定到应用程序中的是占位符库，而不是共享库，所以它对 malloc 和 free 的引用是在链接时解析的。如果存在一个私有版本的 malloc 和 free，它将指向私有版本的函数，否则它将使用标准库的版本。不管哪种方法，库和应用程序使用的都是相同版本的 malloc 和 free。

虽然这种实现方法让库的维护工作更加困难了，而且只能用于少数几个手动选定的名称，但只要它可以自动进行而不需要手动编写那些易于出错的源代码，这种方法就是一个不错的解决方案。这种方法的本质是在程序运行时通过指针的解析进行库内例程调用的切换，我们将会在下一章看到如何实现自动的版本切换。

全局数据中的名称冲突是共享库中的另一个问题。图 9-5 展示了一个存在问题的小程序。如果你用任何一个我们本章描述过的共享库编译和链接它，它将打印一个值为 0 的状态代码，而无法正确地输出错误代码。这是由于代码中的这一行

```
int errno;
```

这一行代码创建了一个名为 errno 的变量，它与库中原来使用的 errno 变量没有建立绑定关系。如果不将 extern 注释掉，这个程序就可以正常运行，在这种情况下，它引用了一个未定义的全局变量，这将使链接器将其绑定到共享库中的 errno。在后面的章节我们将会看到，动态链接可以很好地解决这个问题，但是会付出一些性能的代价。

```
#include <stdio.h>
/* extern */
int errno;

main()
{
  unlink("/non-existent-file");
  printf("Status was %d\n", errno);
}
```

图 9-5 地址冲突示例

最后，UNIX 共享库中的跳转表也会引起兼容性的问题。在共享库外的例程看来，库中导出的每个例程的地址就是一个跳转表表项的地址。但是在库内部的例程看来，例程的地址可能是跳转表表项，也可能是跳转表要跳转到的实际入口点。基于这种差异，有时可以将一个符号作为参数传递给一个库例程，让它来判断这个符号是不是库中的例程，从而进行一些特殊的检查。

一种显而易见但是不完全有效的解决方案，是在建立共享库的过程中将例程的地址绑定到跳转表表项，因为这样可以确保库内部所有对例程的符号引用都被解析到对应的表项。但是如果两个例程在同一个目标文件中，那么在这个目标文件中的引用通常是对例程代码段的相对地址引用。（由于是同一个目标文件，该例程地址已知，就不再进行符号解析了）。虽然通过扫描可重定位的代码段引用来找到相应的导出符号的地址是可能的，但是实际中最常用的解决方法是"别那么做"，即不要编写依赖于库例程入口地址的代码。

Windows 的 DLL 库也存在相似的问题，因为在每一个 EXE 或者 DLL 内部，导入例程的地址通常也不是例程的实际地址，而是一个间接跳转到例程实际地址的占位例程的地址。同样，对这个问题最常采用的解决方法是"别那么做"。

9.9 练习

1. 如果你在一个支持共享库的 UNIX 系统上查看 /shlib 目录，你会发现每个库都会有 3 到 4 个版本，诸如 libc_s.2.0.1、libc_s.3.0.0。为什么不使用最新的一个呢？

2. 在一个占位符库中，为什么将每一个例程中的未定义全局符号都包含进来？如果未定义的全局符号引用了该库中的另一个例程，应该如何处理？

3. 如果给一个占位符库中加入所有的可执行代码和库模块，它与一个包含多个模块的实际的库有什么不同呢？

9.10 项目

我们要扩展链接器以支持静态共享库。这包括很多子项目，第一个就是建立共享库，然后就是使用共享库来链接可执行体。

在我们的系统中，共享库只是链接到了给定地址的目标文件。虽然它可以引用其他的共享库，但不会有重定位和未解析的全局符号引用。占位符库是普通的目录格式或者文件格式的库，库中的每一项包含对应库成员的导出符号（绝对地址）和导入符号，但是没有代码段或数据段。每一个占位符库必须告诉链接器对应的共享库的名称。如果使用目录格式的占位符库，那么使用一个名为"LIBRARY NAME"的文本文件记录相关信息，其中是一行一行的文本。第一行是对应共享库的名称，剩下的行是该共享库依赖的其他共享库名称（用空格做库中符号名的分隔符）。如果使用文件格式的库，那么库的初始行要有些额外的域：

```
LIBRARY nnnn ppppp fffff ggggg hhhhh ...
```

这里 fffff 是共享库的名称，剩下的是它所依赖的其他共享库的名称。

项目 9-1　扩展链接器的功能，使之能够从目录格式或文件格式中生成静态共享库和占位符库。给链接器增加一个参数，用于设置链接器分配段时使用的基地址。输入是一个普通的库和这个库所依赖的其他任何共享库的占位符库。输出是一个可执行格式的共享库，包含了所有输入库成员的段，同时产生一个占位符库，使每一个输入库的成员都有对应的占位符。

项目 9-2　扩展链接器以使用静态共享库生成可执行文件。在一个可执行文件中引用共享库中的符号，与在一个共享库中引用另一个共享库的符号的方法是相同的，所以项目 9-1 已经完成了搜索占位符库以进行符号解析的大多数工作。链接器只需要将必要的库名放到输出文件中，以便运行时加载器知道需要加载什么库。让链接器建立一个名为 .lib 的段，保存需要的共享库名称，这些名称之间以 null 字节作为间隔，以 2 个 null 字节标识结尾。建立一个名为 _SHARED_LIBRARIES 的符号，它指向 .lib 段的开始地址，以便库的初始化例程使用。

动态链接和加载

动态链接将很多链接过程推迟到了程序启动的时候，但它提供了一系列其他方法无法获得的优点：

- 动态链接的共享库要比静态链接的共享库更容易创建。
- 动态链接的共享库要比静态链接的共享库更容易升级。
- 动态链接的共享库的语义更接近于非共享库。
- 动态链接允许程序在运行时加载和卸载例程，这是其他途径难以提供的功能。

当然它也有一定的弊端。由于每次程序启动的时候都要进行大量的链接操作，动态链接的运行时性能要比静态链接低不少。程序中所使用的每一个动态链接的符号都必须在符号表中进行查找和解析（Windows 的 DLL 某种程度上有所改善，下面将会讲到），也增加了运行时代价。由于动态链接库还要包括符号表，因此它占据的磁盘空间也比静态库要大。

在解决了过程调用的兼容性问题之后，另一个非常头疼的问题是库函数语义的变化。和非共享库或静态共享库相比，动态链接库的更新要容易得多。所以就可以很容易地修改已存在程序正在使用的动态链接库。这意味着即使程序没有任何改变，程序的行为也可能会改变。在 Windows 系统中，这是一个常见的问题。因为 Windows 的程序会大量地使用共享库，而这些库通常会有多个不同的版本，库之间的版本控制非常复杂。多数程序在交付时都带有它们所需库的副本，而安装程序经常会不假思索地将安装包中的旧版本共享库覆盖已存在的新版本库，这就破坏了那些依赖新版本库特性的程序。考虑周全的安装程序会在使用旧版本库覆盖新版本库的时候弹出警告框提示，但这样的话，依赖旧版本库特性的那些应用程序又会因为在新版本中找到语义不同的库函数而出现问题。

10.1 ELF 动态链接

在 20 世纪 80 年代晚期，SUN Microsystems 在其产品 SunOS 中首次引入了动态共享库技术，这是 UNIX 系列产品第一次使用这一技术。与 SUN 合作开发的 UNIX System V Release 4 引入了 ELF 目标文件格式，并采用了 SUN 的 ELF 方案。很明显 ELF 是对之前目标文件格式的改进，在 20 世纪 90 年代末它成为 UNIX、BSD 以及 Linux 等类 UNIX 衍生版本的标准。

10.2 ELF 文件的内容

正如在第 3 章中提到的那样，ELF 文件在链接器的眼中是一系列区段（section），在加载器眼中是一系列段（segment）。ELF 程序和共享库的基本结构是一样的，但在具体的段（segment）或者区段（section）上有所区别。

ELF 共享库可被加载到任何地址，因此它们总是使用位置无关代码（PIC）的形式链接，这样文件的代码页无须重定位即可在多个进程之间共享。正如第 8 章描述的那样，ELF 链接器通过全局偏移量表（GOT）支持 PIC 代码，每个共享库都有 GOT，其中包含着程序所引用的静态数据的指针，如图 10-1 所示。动态链接器会解析和重定位 GOT 中的所有指针。这会引起性能的问题，但是在实际使用中，除了非常巨大的库之外，GOT 都不大。通常使用的标准 C 库中包含超过 350K 的代码，它的 GOT 也只有 180 个表项。

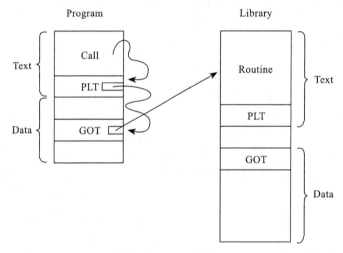

图 10-1   过程链接表 PLT 和全局偏移量表 GOT。带有 GOT 的程序示意图（左），带有 PLT
和 GOT 的程序示意图（右）

由于代码所引用的可加载 ELF 文件不会动态修改，因此无论被加载多少次，加载到何处，GOT 与文件中其他内容的相对地址都不会发生变化。代码可以通过相对地址来定位 GOT，将 GOT 的地址加载到一个寄存器中，然后在需要寻址静态数据的时候从 GOT 中加载相应的指针。如果一个库没有引用任何的静态数据那么它可以不需 GOT，但实际中所有的库都有 GOT。

为了支持动态链接，每个 ELF 共享库和每个使用了共享库的可执行程序都有一个过程链接表（Procedure Linkage Table, PLT）。PLT 为每一个过程调用增添了一层间接跳转的途径，就像借助 GOT 实现对数据的间接引用一样。PLT 使用延迟加载法，即只有在第一次被过程调用时，才解析它的地址。由于 PLT 表项要比 GOT 多很多（在上面提到的 C 库中会有 600 多项），并且大多数例程在任何给定的程序中都不会被调用，因此延迟加载法既可以提高程序启动的速度，也可以整体上节省相当可观的时间。

下面我们讨论 PLT 的细节。

一个 ELF 动态链接文件中包含了运行时链接器所需的所有信息，包括重定位信息和解析未定义符号时所需的信息。动态符号表，即 .dynsym 区段，包含了文件中所有的导入符号和导出符号。而 .dynstr 包含了符号的名称字符串，.hash 区段是有助于加快运行时链接器查找速度的散列表。

ELF 动态链接文件中还增加的内容是 DYNAMIC 段（也被标识为 .dynamic 区段），动态链接器使用它来查找和该文件相关的信息。加载时它是数据段的一部分，由 ELF 文件头部的指针指向它，这样运行时动态链接器就可以找到它了。DYNAMIC 区段是一个列表，其中每一项都是由一个被标记的表项类型和一个指针构成的数据结构。一些表项类型只会出现在程序中，也有一些表项类型只会出现在库中，还有一些类型在两者中都会出现。下面列出了这些表项类型：

- NEEDED：该文件所需的库的名称。（通常出现在程序中，如果一个库依赖其他库，那么也会出现在这个库中。这个类型的表项可以出现多次）
- SONAME：共享对象名称。链接器所需要的文件的名称。（在库中）
- SYMTAB、STRTAB、HASH、SYMENT、STRSZ：指向符号表、相关联的字符串表和散列表、符号表大小、字符串表大小。（程序和库中都有）
- PLTGOT：指向 GOT，或者在某些架构下指向 PLT。（程序和库中都有）
- REL、RELSZ 和 RELENT，或者 RELA、RELASZ 和 RELAENT：重定位表的指针、重定位表的大小和重定位表项的大小。以 REL 开头的类型的表项中不包含叠加数，以 RELA 开头的类型表示的是带加数的表项。（程序和库中都有）
- JMPREL、PLTRELSZ 和 PLTREL：由 PLT 引用的数据的重定位表的指针、大小和类型（REL 类型或 RELA 类型）。（程序和库中都有）
- INIT 和 FINI：指向初始化和终止例程的指针，在程序启动和终止的时候调用。（可选的，但是通常在库和程序中都有）

还有其他少量晦涩难懂的类型，也很少用到。

一个完整的 ELF 共享库看起来会像图 10-1 那样。首先是只读部分，包括符号表、PLT、代码和只读数据；然后是可读写部分，包括常规数据、GOT 和 DYNAMIC 区段。BSS 在逻辑上跟在最后一个可读写区段后面，但通常不会在文件中保存它。

一个 ELF 程序看起来和图 10-2 很相似，但是在只读段中还有初始化和终止例程，在文件前部还有一个用于动态链接器（通常是 ld.so）的 INTERP 区段。由于程序文件不需要在运行时被重定位，因此数据段没有 GOT。

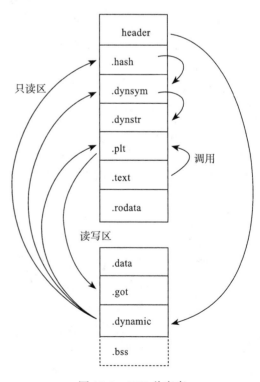

图 10-2 ELF 共享库

10.3　加载动态链接的程序

加载动态链接的程序，这个过程虽然冗长但原理简单。

10.3.1　启动动态链接器

在操作系统运行程序时，它会像通常那样将文件的页映射进来，但注意在可执行程序中存在一个 INTERPRETER 区段。这里特定的解释器是动态链接器，即 ld.so，它自己也是 ELF 共享库的格式。操作系统并非直接启动程序，而是将动态链接器映射到地址空间的一个固定的位置，然后开始运行 ld.so，并将链接器所需要的辅助向量（auxiliary vector）信息放入栈中。这个向量的内容包括：

- AT_PHDR、AT_PHENT 和 AT_PHNUM：程序头部在程序文件中的地址，头部中每个表项的大小，以及表项的个数。头部结构描述了被加载文件中的各个段。如果系统没有将程序映射到内存中，就会有一个 AT_EXECFD 项，它包含被打开程序文件的文件描述符。
- AT_ENTRY：程序的起始地址，当动态链接器完成了初始化工作之后，就会跳转到这个地址去。
- AT_BASE：动态链接器被加载到的地址。

此时，位于 ld.so 起始处的自举代码找到它自己的 GOT，其中的第一项指向了 ld.so 文件中的 DYNAMIC 段。通过 DYNAMIC 段，链接器在它自己的数据段中找到自己的重定位项表和重定位指针，然后解析加载过程所用到的其他例程（Linux 的 ld.so 中将所有的关键例程在命名时都以字符串 _dt_ 起头，然后使用专门代码在符号表中搜索以此字符串开头的符号并解析它们）。

链接器通过指向程序符号表和链接器自己的符号表的若干指针来初始化一张符号表的链表。从理论上说，程序文件和所有加载到进程中的库会共享一张符号表。但实际中链接器并不是在运行时创建一张合并符号表，而是将每个文件中的符号表串接在一起组成一张符号表的链表。每个文件中都有一张散列表以加快符号查找的速度。链接器可以通过计算符号的散列值，然后访问相应的散列队列进行查找以加快符号搜索的速度。

10.3.2　库的查找

链接器自身的初始化完成之后，它就会去寻找程序所需要的各个库。程序的程序头部有一个指针，指向 DYNAMIC 段（包含有动态链接相关信息）在文件中的位置。在这个段中包含一个指针 DT_STRTAB，指向文件的字符串表；及一个偏移量表 DT_NEEDED，其中每一张表项包含了一个所需库的名称在字符串表中的偏移量。

对于每一个库，链接器会查找对应的 ELF 共享库文件，这本身也是一个颇为复杂的过程。在 DT_NEEDED 表项中的库名称可能会是 libXt.so.6（Xt 工具包库，版本号为 6）。实际上，库文件可能会在若干存放库的目录中的任意一个，甚至可能文件的名称都不相同。例如，在作者的系统上，这个库的实际名称是 /usr/X11R6/lib/libXt.so.6.0。末尾的 .0 是小版本号。

链接器在以下位置搜索库：

- 如果 DYNAMIC 段存在一个名为 DT_RPATH 的表项，它会是一个可以搜索库的目录列表，用分号做分隔。这个表项是在链接时添加的，它可以通过命令行参数来指定它的值，或者使用常规（非动态）链接器的环境变量来配置。它经常用于数据库类之类的系统中，这类系统通常需要加载一系列的支持库，这时会将这些支持库放在同一目录中，然后用这个变量指向那个目录。

- 如果存在一个环境符变量 LD_LIBRARY_PATH，它会是一个供链接器搜索库的目录列表，由分号分隔开。这个功能可以让开发人员创建新版本的库并将它放置在 LD_LIBRARY_PATH 的路径中，利用这个功能既可以通过已存在的程序来测试新的库，也可以写一个库来分析和监测程序的行为。（因为安全原因，如果程序设置了 set-uid，那么这一步会被跳过）

- 链接器查看库缓冲文件 /etc/ld.so.conf，其中包含了库文件名和路径的列表。如果要查找的库名称存在于其中，则采用文件中相应的路径找到库文件。大多数库都是通过这种方法找到的。（路径末尾的文件名称并不需要和所搜索的库名称精确匹配，细节会在后面的内容中讲到）。

- 如果所有的都失败了，就查找缺省目录 /usr/lib，如果在这个目录中仍没有找到，就打印错误信息并退出。

一旦找到包含该库的文件，动态链接器会打开该文件，读取 ELF 头部寻找程序头部，程序头中包含多个段的信息，其中也包括 DYNAMIC 段。链接器为库的代码段和数据段分配空间，并将它们映射进内存中，对于 BSS 段，则分配对应的页并将其初始化为 0。从库的 DYNAMIC 段中找到库的符号表，并将其加入符号表链表中，如果该库还需要其他尚未加载的库，则将那些新库置入将要加载的库链表中。

在该过程结束时，所有的库都被映射进来了，加载器拥有了一个由程序和所有映射进来的库的符号表联合而成的逻辑上的全局符号表。

10.3.3　共享库的初始化

在这一阶段，加载器再次查看每个库并处理库的重定位项，填充库的 GOT，并处理库的数据段所需的重定位。

在 x86 平台上，加载时的重定位包括：

- R_386_GLOB_DAT：初始化一个 GOT 项，该项是在另一个库中定义的符号的地址。

- R_386_32：对在另一个库中定义的符号的非 GOT 引用，通常是静态数据区中的指针。

- R_386_RELATIVE：对可重定位数据的引用，典型的是指向字符串（或其他局部定义静态数据）的指针。

- R_386_JMP_SLOT：用来初始化 PLT 的 GOT 项，稍后描述。

如果一个库具有 .init 区段，加载器会调用它来进行库特定的初始化工作，诸如 C++ 的静态构造函数等。库中的 .fini 区段会在程序退出的时候被执行。它不会对主程序进行初始化，因为主程序的初始化是由自己的启动代码完成的。当这个过程完成后，所有的库就都被完全加载并可以被执行了，此时加载器调用程序的入口点开始执行程序。

10.4 基于 PLT 的延迟过程链接

使用共享库的程序通常都会存在大量的过程调用。在程序的一次运行过程中，程序绝大多数函数都不会被调用到（例如错误处理函数，或者程序中未用到的功能对应的代码）。每一个共享库中也存在很多对其他库中函数的调用，由于它们大多也不会被程序直接或间接调用到，因此在一次程序的执行中它们被执行到的概率就更少了。

为了加快程序启动的速度，动态链接的 ELF 程序使用了对过程地址的延迟绑定（lazy binding），即一个过程的地址直到第一次被调用时才会被绑定。

ELF 通过过程链接表（Procedure Linkage Table, PLT）支持延迟绑定。每一个动态绑定的程序和共享库都有一个 PLT，PLT 中的每一个表项对应一个程序或库中被调用的非本地例程，如图 10-3 所示。注意在位置无关代码中的 PLT 本身也是位置无关代码，因此它是只读代码段的一部分。

```
第一个表项（这是一个特殊表项）
PLT0: pushl GOT+4
  jmp  *GOT+8
若干个常规表项, non-PIC 代码
PLTn: jmp *GOT+m
  push #reloc_offset
  jmp PLT0
若干个常规表项, PIC 代码
PLTn: jmp *GOT+m(%ebx)
  push #reloc_offset
  jmp PLT0
```

图 10-3　x86 代码中的 PLT 结构

如果程序或者库中的例程要调用 PLT 中的表项，那么调用位置的代码就需要做一些调整。当程序或库中的代码第一次调用到某个 PLT 表指定的例程时，PLT 项会调用运行时链接器来解析该例程的实际地址。在得到实际地址后，PLT 项会直接跳转到例程的实际地址，因此在第一次调用之后，使用 PLT 的代价就是在例程调用时有一个额外的间接跳转，在调用返回时没有额外的代价。

PLT 中的第一项，我们称之为 PLT0，是一段会调用动态链接器的特殊代码。在加载时，动态链接器会自动地将两个数值放置在 GOT 中：在 GOT+4（GOT 的第二个字）处放置一个用来标识特定库的代码，在 GOT+8 处放置动态链接器的符号解析例程的地址。

PLT 中的其余表项，我们称之为 PLTn，每一项的开始位置都是一个基于 GOT 项的间接跳转。每一个 PLT 项都有一个对应的 GOT 项，该 GOT 项的初始值是 PLT 项中跟在 jmp 指令后面的地址，即 push 指令所在的位置（在 PIC 文件中这需要加载时重定位，但这里的符号查找开销并不大）。这个 push 指令用于将一个重定位项的偏移量压入栈中。这个偏移量描述的是类型为 R_386_JMP_SLOT 的特殊重定位项在文件的重定位表中的偏移量。该重定位项的符号引用指向文件符号表中的符号，它的地址指向相应的 GOT 项。

这种紧凑而且有些怪异的方法意味着程序或者库在第一次调用 PLT 项时，PLT 项中的第一个跳转指令实际上没做什么，因为它所跳转到的 GOT 又会指回到这个 PLT 项中的下一条指令。然后 push 指令放入栈中的偏移量数据，实际上间接标识了需要解析的符号和解析符号所需的 GOT 项，然后跳转到 PLT0。在 PLT0 中，指令将另一个标明当前是哪个程序或库的代码压入栈中，然后跳入动态链接器的桩代码（stub code）中（此时两个标识代码位于栈的顶部）。注意到这里使用的是跳转指令 jmp，而不是调用指令 call，而此时栈中位于两个标识字之上的正好是返回到调用该 PLT 的例程的地址。

现在桩代码保存所有的寄存器并调用动态链接器内部的例程来进行符号解析。根据栈中的两个标识字，就可以找到库的符号表以及例程在这张符号表中对应的表项。动态链接器使用串联的运行时符号表来查找符号值，并将例程的地址存储在 GOT 项中。然后桩代码恢复寄存器，将 PLT 压栈的两个标识码推出栈，然后跳转到这个例程中去。这时 GOT 项已经被更新了，后续对该 PLT 项的调用，就无须通过动态链接器而直接跳转到例程自己了。

10.5 动态链接的其他特性

ELF 链接器和动态链接器存在大量晦涩的代码以处理特殊情况，并尝试保持运行时语义尽可能地与非共享库相似。

10.5.1 静态初始化

如果程序中引用了定义在库中的全局变量，由于程序的数据地址必须在链接时被绑定，因此链接器不得不在程序中创建一个该变量的副本，如图 10-4 所示。这种方法对于共享库中的代码没有影响，因为代码可以通过 GOT 中的指针来引用变量（链接器会完成对代码的调整）。但如果库初始化这个变量就会出现问题[○]。为了解决问题，链接器在程序的重定位表（仅仅包含类型为 R_386_JMP_SLOT、R_386_GLOB_DAT、R_386_32 和 R_386_RELATIVE 的表项）中放入一个类型为 R_386_COPY 类型的表项，指向该变量在程序中的副本被定义的位置，并告诉动态链接器从共享库中将该变量被初始化的数值复制过来。

```
主程序中：
extern int token;

共享库中的例程：
int token = 42;
```

图 10-4 全局数据初始化

虽然这个特性对于特定类型的代码是关键的，但在实际中很少发生。给出的解决方案也像是一块橡皮膏，没有触及问题的关键，因为它只能用于调整单字的数据。好在初始化过程中常见的对象是指向过程或其他数据的指针，所以这个橡皮膏也够用了。

10.5.2 库的版本

动态链接库通常都会使用主版本号和次版本号来命名，例如 libc.so.1.1。但是应用程序只会和主版本号绑定，例如 libc.so.1，次版本号一般是需要保持向上兼容的，也就

○　这时库的初始化代码无法访问程序中创建的变量副本。——译者注

是后续版本要保持与前面版本的语义一致。

为了保持加载程序的性能，系统会维护一个缓冲文件，保存最近用过的每一个库的全路径文件名。当系统中安装新的库时，会有一个配置管理程序来更新这个文件。

为了支持这个设计，每一个动态链接的库都有一个在库创建时赋予的真名，被命名为 SONAME。例如，libc.so.1.1 库的 SONAME 为 libc.so.1（缺省的 SONAME 就是库的名称）。当链接器创建一个使用共享库的程序时，它会列出程序所使用库的 SONAME 而不是库的文件名称。缓冲文件创建程序扫描包含共享库的所有目录，查找所有的共享库，提取每一个的 SONAME，对于具有相同 SONAME 的多个库，只保留版本最高的，其余的全部忽略。然后它将 SONAME 和全路径文件名写入缓冲文件，这样在运行时动态链接器可以很快地找到每一个库的当前版本。

10.6　运行时的动态链接

动态链接器会在程序启动或访问 PLT 的时候隐式地被调用。同时，程序也可以通过使用 dlopen() 函数显式地加载一个共享库，并通过 dlsym() 函数来查找一个符号（通常是一个被调用的函数）的地址。这两个例程其实只是对动态链接器函数的简单的封装，最后会调用动态链接器来实现相应的功能。当动态链接器通过 dlopen() 加载一个库的时候，与处理其他的库一样，也会对它进行重定位和符号解析，这样被动态加载的程序可以引用正在运行程序中的全局变量，调用已加载的例程，不需要任何特殊的处理。

这一功能使得用户可以为程序增加额外的功能，而无须访问程序的源代码，甚至不需要停止和重新启动程序（对于数据库或 Web 服务器非常有用）。大型主机操作系统早在 20 世纪 60 年代早期就已经提供了与此类似的机制[⊖]，尽管还没有如此方便的接口，但它长期以来都是为已经打包的应用程序提供灵活性的一种方法。这也提供了一种让程序扩展自己的方法：借助这个功能，可以将已经完成的 C 或者 C++ 的可执行程序编译并链接为一个共享库，然后动态地加载并运行它。（在大型主机上，经常将一些已经完成的代码再次链接和加载加以重复利用，这种技术已经存在了几十年了）

10.7　Microsoft 动态链接库

微软 Windows 系统也提供了共享库功能，称为动态链接库或 DLL（Dynamic-Link Library），形式上与 ELF 共享库相似，但某种程度上要更简单一些。16 位的 Windows 3.1 和 32 位的 Windows NT、Windows 95 上使用的 DLL 的设计是有本质区别的。这里只讨论更现代的 Win32 库。DLL 通过与 PLT 相似的策略来导入过程的地址。虽然 DLL 的设计可以通过与 GOT 相似的策略来导入数据的地址，但实际中它们使用了一种更简单的方法，即显式地使用部分程序代码实现对共享数据的导入指针的引用。

在 Windows 系统中，程序和库都是 PE（Portable Excutable）格式文件，可以被映射到同一个进程中的地址空间中。与 Windows 3.1 中所有的应用程序共享单一的地址空间不同，

⊖　退出例程（exit routines）是早期 IBM 的大型机上提供的一种动态更新程序的机制，可以让程序按照用户的需求短暂地退出并重新加载，以实现程序的更新。——译者注

Win32 为每个应用程序提供了自己独立的地址空间，在运行时可以将可执行程序和库映射到这个地址空间中。对于只读代码，这没有任何特殊的差异，但对于数据而言，就意味着每个使用 DLL 的应用程序对 DLL 中的数据都有一个属于自己的副本。（这里还有一些细节，PE 文件能够以某些区段为共享数据，从而使得使用这个文件的多个应用程序之间可以共享一份数据副本，但是大部分数据都是非共享的）。

加载一个 Windows 可执行程序或者 DLL 与加载一个动态链接的 ELF 程序相似，只是在 Windows 系统中动态链接器是操作系统内核的一部分。首先内核根据可执行程序文件的 PE 头中的区段表，将可执行程序映射进来。然后再根据可执行程序所使用到的 DLL 文件的 PE 头部的信息，将所有用到的 DLL 映射进来。

PE 文件可以包含重定位项。通常一个可执行程序不会包含可重定位项，因此必须将它们映射到在链接时确定的地址上。DLL 都会包含有重定位项，并且在它们链接时指定的地址空间无效的时候还会被重定位（微软将运行时重定位称为 rebasing）。

所有的 PE 文件，包括可执行程序和 DLL，都有一个入口点，在 DLL 加载、卸载，以及每一次进程的线程连接或从 DLL 分离的时候，加载器都会调用 DLL 的入口点（每一次加载器都会传递一个参数以标明调用原因）。这就提供了一种回调函数机制用于处理初始化和退出操作，类似 ELF 的 `.init` 和 `.fini` 区段。

10.7.1　PE 文件中的导入符号和导出符号

PE 文件通过文件中的两个特殊区段来支持共享库，`.edata` 区段用于处理导出数据，是从文件中导出的符号列表，`.idata` 区段用于处理导入数据，是导入到文件中的符号列表。程序文件通常只有一个 `.idata` 区段，而 DLL 文件总是有 `.edata` 区段，如果该 DLL 还使用了其他 DLL 的话还会有 `.idata` 区段。符号既可以通过符号名称导出，也可以通过序号（导出地址表中对应符号的索引号）导出。通过序号进行链接效率会稍高一点，因为它不必再进行符号查找，但是这要求不同版本的库之间相同的序号必须指向相同的符号，否则这种方法就很容易产生错误。实际上，序号被用来调用系统服务（因为它们很少改变），而名称用在其他的场合。

`.edata` 区段中包含一个导出目录表，描述了其他区段的导出目录，后面跟着依次是每个区段的导出符号表，如图 10-5 所示。

导出地址表包含符号的相对虚拟地址（Relative Virtual Address，RVA，基于 PE 文件基地址的相对地址）。如果 RVA 指回到 .edata 区段，则它是一个转发引用（forwarder reference），指向的数值是一个字符串，其中存储的是一个符号的名称，这个符号可以满足引用的需求，但很有可能定义在另外一个 DLL 中。序号和名称指针是平行存在的，即名称指针表中的每一项是该名称字符串的 RVA，而对应的序号是位于导出地址表中的索引（序号并不需要从 0 起始，通常是从 1 开始的。将序号的初始值与序号值相减，就可以得到在导出地址表中的索引号）。虽然实际中每一个导出符号都有名称，但这并不是必须的。在名称指针表中的符号按照字母顺序排列，从而支持加载器使用折半查找。

`.idata` 区段所做的事情与 .edata 恰恰相反，它用于将符号或序号映射到虚拟地址中。该区段包含一个导入目录表数组，以空字符表示数组结尾，每一个需要导入符号的 DLL 对应一个输入目录表，后面跟着导入查找表（每个 DLL 一个），然后是提示 / 名称表。图 10-6 展示了 .idata 区段的结构。

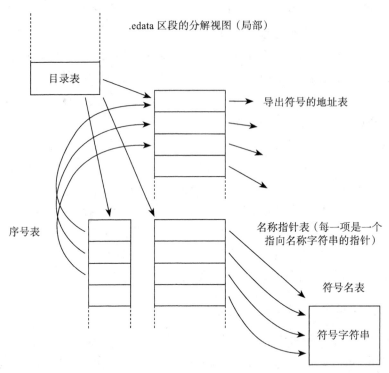

图 10-5 .edata 区段的结构。输出目录指向：输出地址表，序号表，名称指针表，名称字符串

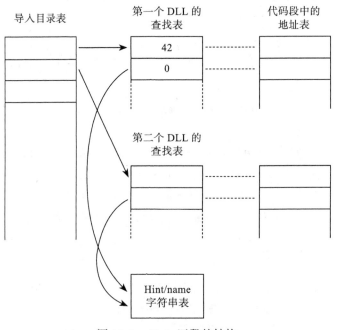

图 10-6 .idata 区段的结构

对于每一个被导入的 DLL，都有一个导入地址的数组，一般都位于程序的代码段中，程序的加载器会将解析后的地址放入其中。导入查找表标识了被导入的符号，导入查找表中的表项是与导入地址表中的表项平行对应的。查找表的每一个表项有 32 位，如果某一个表项的高位被置位，则低 31 位是要被导入的符号对应的序号，否则该表项就是提示 / 名称表中对应表项的 RVA。每一个提示 / 名称表的表项有一个 4 字节的提示信息，可以用来推测符号在 DLL 导出名称指针表中的索引，后面跟着一个以空字节为结尾的符号名称。程序加载器使用这个提示信息来探测导出表，如果符号名称能匹配上，它就使用这个符号，否则就在整个导出表中对该名称进行折半查找（由于程序在链接时使用了某个 DLL，并且如果该 DLL 没有发生改变，或者它的导出符号列表没有发生改变，这个提示信息就是正确的）。

与 ELF 导入符号不同，通过 .idata 导入的符号值只会放置在导入地址表中，而不会在导入文件的其他位置被修改。对于代码地址，则稍有不同。在链接器创建程序或 DLL 时，它会在代码段中创建一个名为 thunks 的表，首先通过导入地址表项进行间接跳转，然后将 thunks 的地址作为导入例程的地址来使用，这个过程对于开发人员是透明的（thunks 和 .idata 区段中的多数数据实际上来一个桩函数库（stub library），这个库是在创建 DLL 时一并创建的）。在微软最近版本的 C/C++ 编译器中，如果程序员知道某个例程将会被 DLL 所调用，该例程会被声明为 dllimport，然后编译器将会为它生成一个基于地址表项的间接调用，从而避免了额外的间接跳转。对于数据地址，情况稍微麻烦点，因为访问其他可执行程序中符号总是需要一个间接跳转表才方便，想隐藏这个重定向过程是非常困难的。传统的解决方法是开发人员将导入符号显式地声明为指针，用于指向其真实值，然后在代码中通过显式的指针引用来访问这个符号。最近的微软 C/C++ 编译器也可以让程序员将全局数据声明为 dllimport，并且编译器可以为之生成相应的指针引用代码，这与 ELF 中通过 GOT 中的指针间接引用数据的方法很相似。

10.7.2　延迟绑定

Windows 编译器的近期版本增加了延迟加载导入（delay loaded import）的特性，这就允许对过程进行延迟符号绑定了，某种程度上与 ELF 的 PLT 很相似。延迟加载的 DLL 具有一个和 .idata 导入目录表相似的数据结构，只是不在 .idata 区段中，因此程序不能自动处理它。导入地址表中的所有表项都被初始化为指向辅助函数的指针，这些辅助函数可以查找和加载 DLL 并使用实际地址替换地址表中内容。延迟加载的目录表有一个位置用来存储原先导入地址表的内容，这样当 DLL 稍后被卸载的时候，可以把这些值再恢复回去。微软提供了一个标准的辅助例程，同时提供了它的接口和文档说明，如果需要开发员可以重写它们。

Windows 也允许使用 LoadLibrary 函数和 FreeLibrary 函数来明确地加载和卸载 DLL，并使用 GetProcAddress 来查找符号的地址。

10.7.3　DLL 库和线程

Windows 的 DLL 模式不能很好地处理线程的本地存储。Windows 程序可以在同一个进程中启用多个线程，它们共享进程的地址空间。每一个线程都有一小块线程本地存储

（Thread Local Storage，TLS）区域来保存和线程自身相关的数据，例如指向当前线程正在使用的数据结构或资源的指针。为了处理可执行程序或每个使用 TLS 的 DLL 中的数据，需要将 TLS 划分为槽（slot），每个线程一个。Windows 链接器可以在 PE 可执行程序中创建一个 .tls 区段，它定义了可执行程序及其直接引用的 DLL 中的例程所需的 TLS 的布局。每次在进程创建一个线程时，新的线程会获得自己的 TLS，该 TLS 是以 .tls 区段为模板创建的。

问题是，多数 DLL 既可以从可执行程序中被隐式地链接，也可以通过 LoadLibrary 来显式地加载。但是，显式加载的 DLL 不能自动获得以 .tls 区段为模板初始化的存储区域。由于 DLL 的作者无法预测该库是隐式加载还是显式加载的，因此它不能够依靠 .tls 区段完成线程的数据初始化。

Windows 定义了运行时系统调用，可以在 TLS 的末尾分配槽位。除非 DLL 知道自己只会被隐式地加载，否则就会使用那些系统调用来做初始化工作，而不依赖 .tls 区段。

10.8　OSF/1 伪静态共享库

OSF/1 是开源软件基金会（Open Software Foundation，OSF）开发的一个 UNIX 的变种，虽然它的命运并不好，但其使用的共享库技术值得分析。OSF/1 使用了一种介于静态链接和动态链接之间的共享库策略。由于静态链接比动态链接用到的运行时重定位要少，所以运行速度要快得多。同时，由于这些库的升级并不是那么频繁，因此升级过程即使是稍显复杂也是可以接受的，而且即使是升级了库，也不需要将系统中所有的可执行程序都重链接一遍。

基于以上分析，OSF/1 维护了一个所有进程都可见的全局符号表，并在系统启动时将所有的共享库都加载到一个共享的地址空间。这样在系统运行时所有库的地址都不会变化。在每一个程序的启动环节，如果它使用了共享库，就将所有用到的库和符号表映射进系统，并使用全局符号表来解析可执行程序中的未定义符号。为了避免库映射入地址空间的时候发生冲突，会在计算机启动的过程中对所有的库进行扫描，并且对存在的冲突进行调整和重定位。在加载时，由于所有的程序库都已重新排布而且确保可用，因此不需要进行加载时重定位。

当有共享库发生变化时，通常系统只需要重新引导一遍，再次引导时系统就可以加载新的库，并为可执行程序创建新的全局符号表。

这种策略看起来非常合理，但实际应用并不令人满意。例如，符号查找的速度要比重定位项慢得多，因此避免重定位并不能带来非常多的性能提升。另外，动态链接可以支持应用程序在运行时加载一个库，但 OSF/1 的策略就无法提供这个功能了。

10.9　让共享库快一些

共享库，尤其是 ELF 共享库，有的情况下运行速度会非常缓慢。造成这个情况的原因有很多，我们在第 8 章中分析过一些，例如：

- 加载过程中库的重定位
- 加载过程中库和可执行程序中的符号解析

- 位置无关代码（PIC）函数的初始化过程带来的开销
- PIC 中的间接引用数据带来的开销
- PIC 占用寄存器用于寻址，导致性能下降

前两个问题可以通过缓存来改善，后面的问题就需要对 PIC 代码进一步优化才能解决了。

现代计算机地址空间巨大，因此，完全有可能在所有用到同一个共享库的进程地址空间中预留同样的一片地址区域，用于加载这个共享库。这是一种非常有效的技术方案，Windows 系统中就使用了类似的方法。在共享库第一次被链接或第一次被加载时，尝试将它绑定到一块固定的地址区间。然后每次程序再次链接这个库的时候，尽可能地使用相同的地址。如果地址是可以使用的，就意味着不需要进行重定位了。如果这个地址空间在新的进程中不可用，再对这个库进行重定位。

在 SGI 系统中会对目标文件进行链接时预重定位，即在链接过程对共享库进行一次单独的扫描以确定符号的位置，这一技术被称为"QUICKSTART"。BeOS 会将重定位后的库在它第一次加载到进程中的时候缓冲起来，以减少后续运行的启动时间。如果多个库之间存在依赖关系，理论上是可以将这些库先汇集一起再进行重定位和解析符号，以方便可执行程序使用，但实际上似乎没有哪个链接器是这么做的。

如果一个系统使用了预重定位的库，PIC 就变得没有那么重要了。所有从预重定位地址加载库的进程都可以共享库的代码，而无论库是否是 PIC 代码，因此一个放置在适当位置上的 non-PIC 库实际上也可以像 PIC 代码那样在多个进程间共享，而且还没有 PIC 代码的性能损失。其实这就是第 9 章中讲到的静态链接的共享库的基本方法。但是一旦库文件所占用的地址发生冲突，就不得不退而求其次了，这时为了让程序能够正确运行，动态链接器不得不移动库的位置，当然这会带来一些性能上的损失。Windows 就是使用这样的方法。

BeOS 中对重定位库的缓冲实现得非常完善，甚至考虑到了在库变化时的一致性。当系统中安装新版本的库时，BeOS 会监测到这一事件并创建新版本的缓冲，以确保程序在运行时会正确地使用到新的库，而不再使用旧版本。库的变更还会有一些连带作用。如果库 A 引用了库 B 中的符号，而库 B 更新了，此时如果 B 中被 A 引用到的符号发生了变化，那么也必须重新创建 A 的缓冲。这些工作确实可以减少开发人员的负担，但是，实际使用中库的升级还是比较频繁的，而且为了维护这样的一致性，需要相当数量的系统代码才能实现对库中更新细节的追踪监测。

10.10 几种动态链接方法的比较

UNIX/ELF 和 Windows/PE 的动态链接技术存在一些非常有趣的细节差异。

ELF 的策略是为每个程序使用一个独立的名称空间，而 PE 策略则是希望每一个库使用一个独立的名称空间。ELF 可执行程序会列出它所需要的所有符号和库，但它不记录哪个符号在哪个库中。而 PE 文件则会以库为单位，列出从每一个库中导入的符号。PE 的策略虽然稍微不那么灵活，但也不容易发生符号名称混淆。想象一下，一个可执行程序调用库 A 中

⊖ 缓存上一次加载过程中得到的信息用于下次加载时使用。——译者注

的例程 AFUNC 和库 B 中的例程 BFUNC。此时 A 库发生了更新，如果新版本的库 A 中恰好也有一个 BFUNC 例程，那么 ELF 程序就会使用库 A 中的 BFUNC 代替原本在库 B 中的 BFUNC。这种情况在 PE 程序中就不会发生。在规模较大的库中，这个问题还是会产生一些影响。作为一种可用的解决方案，ELF 动态链接器提供了 DT_FILTER 和 DT_AUXILIARY 配置参数，用于标识一个输入符号是从哪个库里来的。这样链接器就会在搜索可执行程序和其余库之前先在那些指定库中搜索输入符号。但是这两个配置选项的相关文档并不完善，而且这样一次也只能解决一个符号的问题。DT_SYMBOLIC 选项可以告诉动态链接器首先搜索库内部的符号表，这样可以避免别的库中的函数覆盖库内的同名函数引用了。(其实这并不总是开发人员想要的，在上一章中提到的 malloc 修改技巧就与之相反，是希望用户定义的函数覆盖掉库中函数的定义)。这些特定的方法降低了不相关库在无意中屏蔽了正确符号的可能性，但是最终的解决方案应该是在链接时使用分层次的名称空间，我们将在第 11 章中我们将看到 Java 如何实现的这一机制。

相比于 PE 的策略，ELF 的策略更倾向于维护静态链接程序的语义。在一个 ELF 程序中，从另一个库中导入数据符号会被自动解析，而 PE 程序需要对导入数据进行专门处理。在 PE 文件中，在比较指向函数的指针值时会有麻烦，因为一个导入函数的地址实际上是调用它的 thunk 的地址，并不是函数在另一个库中的实际地址。ELF 文件以相同的方式处理了所有的指针，因此这并不是问题。

在运行时，Windows 系统几乎所有的动态链接工作都是在操作系统内核中完成的，而 ELF 的动态链接器则是应用程序的一部分运行，内核只负责将初始文件映射进来。Windows 的策略看起来更快一些 (也有待商榷)，因为它在开始链接前不需要做动态链接器映射和重定位的过程。ELF 的策略肯定更加灵活。因为每一个可执行程序都指定了自己要使用的解释器程序 (尽管在目前的实现中，解释器总是名为 ld.so 的动态链接器)，理论上说不同的可执行程序可以使用不同的解释器而无须要求操作系统进行任何变更。在实际使用中，这一机制可以让可执行程序支持多种版本的 UNIX，尤其在 Linux 和 BSD 上，可以重新实现一个动态链接器，让它链接其他操作系统的兼容库，从而实现对来自其他操作系统的可执行程序的支持。

10.11 练习

1. 在 ELF 共享库中，库内部的处理方式有些奇怪，即使同一个库内部的例程间调用也要通过 PLT 进行，并且在运行时才绑定它们的地址，这样做有用吗？为什么要这么做？

2. 假设一个程序调用了系统的共享库中名为 plugh() 的例程，开发人员使用动态链接技术生成了这个程序。稍后系统管理员发现，plugh 不适合用作例程名，于是安装了一个新版本的库并将名称更换为 xsazq。下一次程序员运行这个程序的时候，会发生什么事情？

3. 如果运行时定义了环境变量 LD_BIND_NOW，ELF 动态加载器会在加载时绑定程序所有的 PLT 项。如果在前一个问题中 LD_BIND_NOW 被设置的话，情况又会如何呢？

4. 微软在链接器中增加了一些额外功能，结合现存操作系统的功能，实现了一种无需操作系统协助的延迟过程绑定（lazy procedure binding）机制。试想一下，能否实现对共享数据的透明访问机制，既不需要开发人员参与，又不需要现在使用的指针方案？这个方案的难点在哪里？

10.12 项目

为链接器创建一个完全动态链接的环境是不现实的，因为动态链接的大部分工作是在运行时发生的，而不是链接时。创建一个共享库的大多数工作都已经在项目 8-3 中完成了（即创建 PIC 可执行程序）。一个支持动态链接的共享库，可以看成是 PIC 可执行代码再加上导入符号和导出符号的列表，以及和其他库的依赖关系表。在文件的第一行中提供下面的信息，可以标识文件为一个共享库：

```
LINKLIB lib1 lib2...
```

而下面这一行可以标识文件是一个使用共享库的可执行程序：

```
LINK lib1 lib2...
```

其中 libs 是当前文件依赖的其他共享库的名称。

项目 10-1 基于项目 8-3 中的链接器，扩展其功能使之能够生成共享库或使用共享库的可执行程序。该链接器将输入文件的列表作为输入，并将它们合并为输出的可执行程序或库，在这一过程中还需要搜索其他的共享库以完成符号解析。输出文件中包含一张符号表，其中描述了文件中已定义的符号（即导出符号）和未定义的符号（即导入符号）。其中使用的重定位项包括用于 PIC 的那些重定位项，以及用于导入符号的 AS4、RS4 类型的重定位项。

项目 10-2 实现一个运行时绑定器，以一个使用共享库的应用程序作为输入，并解析它的符号引用。它应当读取应用程序，然后读取必需的库，将它们重定位到不重叠的有效地址，然后在逻辑上创建一个统一的符号表（你可以真的创建一个这样的表，也可以像 ELF 那样将每个文件的表组织成一个链表）。然后解析所有的重定位和外部引用。这些工作完成之后，所有的代码和数据都得到了自己被加载的内存地址，并且代码和数据中的所有地址都应当完成了解析工作，而且被重定位到了被分配的地址上。

高级技术

本章分析了一系列的链接技术，需要说明的是，这些技术不一定具有普适性，不是在所有地方都可以用得上。

11.1　C++ 的链接技术

C++ 对链接器提出了三个明显的挑战。第一个是它的命名规则复杂，主要在于多个函数可以拥有相同的名称，只是参数类型不同。名称修改可以解决这一问题，因此所有的链接器都使用这种技术，只是形式上稍有差异。

第二个是全局的构造函数和析构函数，需要在 main 函数运行前运行构造函数，在 main 函数退出后运行析构函数。这需要链接器将构造代码和析构代码片段（或者至少是指向它们的指针）都收集起来放在一个地方，以便在启动时和退出时可以统一地执行。

第三个是模板和外部内联（extern inline）函数的处理，这也是目前最复杂的问题。一个 C++ 模板实际上可以定义一系列函数，它们可以被看成一个家庭，每一个家庭成员都是某个数据类型带入模板后的实例。例如，一个模板定义了一个通用的 hash 表，以此为模板的家庭成员可能不计其数，可以有整数类型的 hash 表、浮点数类型的 hash 表、字符串类型的 hash 表或指向各种数据结构的指针类型的 hash 表。由于计算机的存储容量是有限的，因此在编译的程序中仅能够包含程序中实际用到的家庭成员，而不可能包含所有成员。传统的编译器处理源代码时，是单独处理每一个源代码文件的。但是，如果 C++ 编译器处理的源代码文件中使用了模板，它就无法确定在别的文件中是否还存在这个模板的其他实例，也无法确定这些实例之间是不是会发生重复。编译器可以采用保守的方法，为每一个文件中使用的每一个家庭成员都产生相应的代码，但是最后就可能会为某些家庭成员产生多份代码，从而浪费了空间。如果不这么做，就需要冒险假设一个正在使用的家庭成员的代码已由另一个文件生成了，一旦假设失败就会导致错误。

内联函数的问题与之相似。通常情况下，内联函数会被像宏那样扩展开，但是在某些情况下编译器还会为该函数产生一个传统的非内联（out-of-line）版本。如果若干个不同的文件都使用了同一个包含内联函数的头文件，并且有的使用内联版本，有的使用非内联版本，也就会产生代码重复的问题。

一些编译器修改了源代码编程语言，以在编译的目标代码中加入更多信息，从而使得一些特殊的链接器（例如，哑链接器（dumb linkers））能够正常链接它们。最近的 C++ 系统都在试图解决这个问题，它们使用的解决方案可以让链接器更加智能，或者是让程序开发系统与链接器相互配合以解决这个问题。我们简要地分析一下后面这种解决思路。

11.1.1 试错式链接

对于那些使用"头脑简单"的链接器构建的 C++ 编译系统，开发人员使用了多种技巧，试图使 C++ 程序得以被正常链接。一种方法是先使用传统的 C 前端实现来进行一次试错式链接，虽然这次链接过程通常会失败，但接下来可以让编译驱动器（一个能够综合运行各种编译器、汇编器、链接器和其他工程的程序）从链接结果中提取信息，再重新编译和链接以完成任务。图 11-1 展示了这个过程。

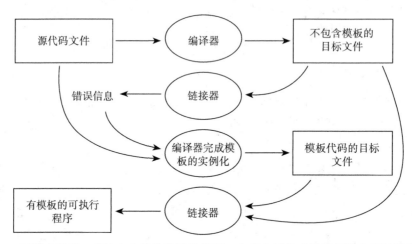

图 11-1 试错式链接。将输入文件传递给链接器，会产生试错式链接的输出以及错误信息，
　　　　然后将输入文件和错误信息以及新产生的目标文件一起传递给链接器以产生最终
　　　　的目标文件

在 UNIX 系统上，如果链接器不能解析所有的未定义符号引用，它仍然可以选择输出一个中间结果文件，以用于后续链接任务的输入文件。在链接过程中，链接器使用常规的库查找规则，此时得到的输出文件中包含了所有输入文件的信息以及用到的库例程[⊖]。试错式链接解决了上面所有的 C++ 问题，虽然很慢，但却是有效的方法。

对于全局的构造代码和析构代码，C++ 编译器在每一个输入文件中创建了构造函数和析构函数对应的例程代码。这些例程在逻辑上是匿名的，但是编译器给它们分配了可识别的名称。例如，GNU C++ 编译器会在名为 `junk` 的类中自动创建两个例程名，其中 `_GLOBAL_.I.__4junk` 是构造例程，`_GLOBAL_.D.__4junk` 是析构例程。在试错式链接结束后，链接器驱动器检测输出文件的符号表，并为构造例程和析构例程建立列表，然后编写一个源代码文件（C 语言或者汇编语言），将这个列表放到一个数组中。在接下来的再次链接中，C++ 的启动代码和退出代码根据这个数组中的内容依次调用所有对应的例程，以完成对应的构造和析构工作。那些针对 C++ 而设计的链接器也基本上是这么实现的，只是这里描述的方案是在链接器之外用一个插件的方式实现的。

　⊖　同时产生的错误信息包含了无法解析的符号，也就是需要模板实例化以补全的符号，此时再进行有针对性
　　　的模板实例化，就不会再有代码重复的问题了。——译者注

对于模板和外部内联来说，编译器最初不会为它们生成任何代码。试错式链接会获得程序中实际使用模板和外部内联而产生的未定义符号，编译驱动器会利用这些符号信息，为之生成代码并重新运行编译器，然后再次进行链接。

这里的一个小问题是如何为模板快速找到对应的源代码，因为参与编译的源代码文件可能很多，查找过程就会很长。基于 C 前端的编译程序使用了一种简单而特别的技术：首先扫描头文件，然后再使用一个启发式的规则进行猜测，通常在 foo.h 中声明的模板会在 foo.cc 中给出其定义。新版本的 GCC 会使用一种代码仓库（repository）的技术，在编译过程中用一些小文件记录模板定义代码的位置，在试错式链接后，编译驱动器仅需要扫描这些小文件就可以找到模板对应的源代码。

11.1.2　消除重复代码

试错式链接的过程中会尽可能减少代码生成，在试错式链接之后会再次生成代码，这次会扫描所有用到的代码以补全第一次处理过程遗留下的问题。之所以采用这种前后颠倒的方法是为了生成所有可能的代码，然后让链接器将那些重复的部分丢掉。图 11-2 展示了这个过程。编译器在处理每一个源文件时，按照每一个文件的需求实例化模板，嵌入外部内联代码。在每一个目标文件中，创建一个段用于存储可能冗余的代码块，段的名称用来标识该段是什么。例如，GCC 为每一个代码块创建一个命名为 .gnu.linkonce.d.mangledname 的 ELF 或 COFF 区段，这里 mangledname 指代的是按照前面章节描述的规则进行类型编码后的函数名称。有一些格式可以仅仅通过名称就识别出冗余的段。例如，微软的 COFF 格式中使用 COMDAT 区段来存储可能冗余的代码，并使用显式的使用类型标志为段命名。如果存在多个段的名称相同，那么它们就是冗余的，链接器会在链接时将多余的副本忽略掉。

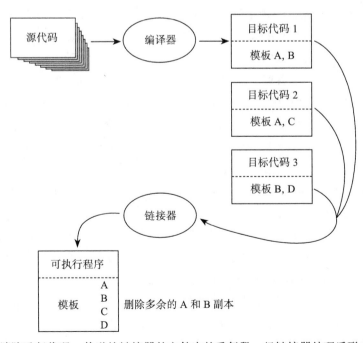

图 11-2　消除重复代码。传递给链接器的文件中的重复段，经链接器处理后形成单一的段

这种方法能够保证每一个例程在可执行程序中仅生成一个副本，但是，作为代价，它会产生一个非常大的目标文件，其中包含一个模板的多个副本。这种方法还为生成代码容量的进一步减小提供了空间。在很多情况下，当一个模板扩展为多个类型的实例时，所产生的代码基本上是一样的。例如，在 C++ 中所有的指针类型的表示方法是相同的，因此一个为类型为 <TYPE> 的数组进行边界检查的模板，通常对所有指针类型所扩展的代码都是一样的。所以，在删除了冗余段的基础上，链接器还可以检查内容一样的段，并将多个内容一样的段合并为一个。一些 Windows 的链接器就是这么做的。

11.1.3　基于数据库的方法

GCC 所用的仓库实际上就是一个小型的数据库。长远来看，工具的开发者更愿意使用数据库来存储源代码和目标代码，就像 IBM Visual Age C++ 的 Montana 开发环境一样。数据库跟踪每一个声明和定义的位置，这样就可以在源代码改变后精确地找到哪些例程会对此修改有依赖，并仅仅重新编译和链接那些存在依赖的地方。

11.2　增量链接和重链接

在很长一段时间里，有一些链接器可以支持增量的链接和重链接。UNIX 链接器提供了一个 " -r" 参数，用于通知链接器在输出文件中保存符号和重定位信息，这样输出文件就可以作为下一次链接的输入文件了。在 IBM 的目标代码格式中，在输出文件中保存着每个输入文件中的段（IBM 称这些段为控制区段（control section 或 csect））的标识符。因此，开发人员可以重新编辑一个被链接的程序，并替换或删除这些控制段。这个特性在 20 世纪 60 年代和 70 年代早期被广泛应用。在那个时代，由于计算机的性能很差，编译和链接的速度很慢，因此通过手动方式仅替换被重新编译过的 csect 段，并重链接程序是可以节省时间的。被替换的 csect 段并不一定要和原先的大小一样，链接器会按需调整输出文件中的重定位信息，以适配 csect 段对位置的改变。

在 20 世纪 80 年代的中后期，斯坦福大学的 Quong 和 Linton 在一个 UNIX 链接器上试验了增量链接技术，用以加速编译—链接—调试这个循环的过程。他们的链接器第一次运行时，链接了一个传统的静态链接的可执行程序，然后将这个程序作为一个守护进程运行在后台，并将程序的符号表加载在内存中。在下一次链接时，只处理那些被改变的输入文件，在输出文件中替换掉发生改变的相应代码，如果符号的位置发生了改变，修改它们在代码中的引用，除此之外其他部分保持不变。两次链接生成的文件，它们的段大小的变化不会太大，因此在创建输出文件的最初版本时，为段分配的空间会比输入文件应生成的段的空间稍大，以保留修改的余量，如图 11-3 所示。在后继的每一次链接时，只要发生改变的输入文件的段不会增长到超过余量空间，那么发生改变的文件对应的段只需要替换掉输出文件中的前一个版本即可。如果它增长到超过了余量空间，链接器会将这个段后面紧跟着的段后移，并减少后续段的余量空间，从而让出更大的空间来放置这个增大的段。如果需要移动的段超过一定的限制，那么链接器就不再做移动操作，而是直接从头重链接。

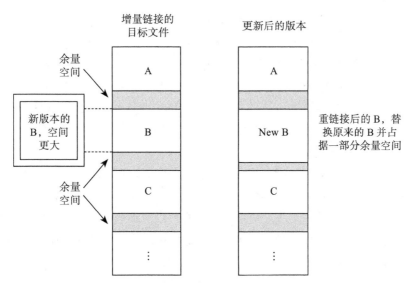

图 11-3　增量链接。图中为增量链接的目标文件，各段之间存在余量空间，新版本的段可以替换旧的段

论文的作者统计了典型的开发活动中两次链接之间所需编译的文件个数、段的增量等信息。基于大量的统计数据，他们发现一般只有 1 到 2 个文件被改变，而段的大小仅仅增长几个字节。通过在每一个段之间多增加 100 字节的余量空间，他们几乎避免了所有的重链接过程。他们还发现，创建调试用的符号表，与创建这些段的工作量几乎相当，因此就使用类似的技术来实现符号表的增量更新。他们的性能测试结果非常振奋人心，传统链接需要 20 到 30 秒才能完成的任务，增量链接只需半秒即可完成。该方案的主要不足在于链接器需要使用大约 8MB 的内存空间，以保留输出文件的符号表和其他信息。在那个时候，这个内存用量已经是一个非常大的值了，当时的工作站也很少有超过 16MB 内存的。

　　一些现代操作系统也采用了与 Quong 和 Linton 的方案相同的方法进行增量链接。微软 Visual Studio 的链接器在缺省情况下就采用增量链接。它会在模块之间多留出一些空间来以应对模块扩展，甚至可以在升级时将模块从可执行程序的一个区域移动到另一个区域，并在原来的地址上放置一些粘合代码，用于跳转到移动后的代码区域中。

11.3　链接时的垃圾收集

　　Lisp 以及其他一些编程语言可以自动分配存储空间，同时它们还需要实现垃圾收集（garbage collection）的功能。垃圾收集是一种服务，它可以标识出那些不被程序其他部分引用的存储空间，并自动释放它们。有一些链接器也提供了类似的功能，能够识别目标文件中的无用的代码并去除它们。

　　大多数程序的源代码文件和目标文件都包含有多个的例程。如果编译器能够以例程为单位将目标文件提供给链接器，那么链接器就能确定每一个例程都定义了哪些符号，哪些例程都引用了哪些符号。没有被引用的例程都可以被忽略掉，并且不会影响程序的运行。每次当一个例程被忽略掉时，由于这个例程可能还引用了其他例程，并且这些例程没有被其他人引用过，因此随后也可以被忽略掉。链接器可以用一个"定义/引用"表来发现例程之间的调用关系，而每次删除一个例程后，都需要重新计算这张表。

IBM 的 AIX 是较早使用链接时垃圾收集的系统之一。XCOFF 格式的目标文件将每一个例程放入一个单独的段中。链接器就可以通过符号表的符号项知道每个段中定义了哪些符号，通过表中的重定位项知道哪些符号被引用了。缺省情况下，所有的未引用例程都会被忽略掉，但是程序员可以通过命令行参数告诉链接器不要进行任何的垃圾收集，或对特定的文件或段不进行垃圾收集。

Windows 上有很链接器都可以支持链接时垃圾收集，包括 Codewarrior、Watcom 和微软 Visual C++ 的最近版本。这些编译器中一般会有一个配置选项，用于通知编译器在目标文件中为每一个例程都单独创建一个段。链接器查找那些没有被引用的段，并删除它们。在大多数情况下，链接器会同时查找相同内容的例程（通常来自模板的扩展，就像我们前面提到的那样），并将多余的副本清除。

如果没有支持垃圾收集的链接器，一个替代方案是大量的使用库。开发人员可以将被程序中链接的目标文件转换为大量的库，每个库成员只包含一个例程，然后用这些库中进行链接。这样链接器可以自动的挑选需要的例程，跳过那些没有被引用的例程。这种方法中最难的部分是重新处理源代码，将含有多个例程的源代码文件分割为多个只有一个例程的小文件，并为每一个文件都补上相应的数据声明及从头文件的处理代码，并且对内部过程进行重命名以防止名称冲突[⊖]。这样处理可以将可执行程序减至最小，但相应的代价是编译和链接的速度非常之慢。这是一个很古老的方法，早在 20 世纪 60 年代后期，DEC TOPS-10 的汇编器采用了类似的方案，它可以在目标文件中生成多个独立的区段，这些区段同时可以被链接器当作库来查询和链接。

11.4 链接时优化

在大多数系统的软件建立过程中，链接器是唯一一个可以访问到程序的所有部分的工具软件。这就意味着它可以做一些其他工具无法进行的全局优化，如果程序是由多个不同的模块组合而成的，模块又使用不同语言和编译器编写的，这种优化方法就更加有效。例如，在一个支持类继承的编程语言中，类的方法可能会在子类中被覆盖，为了支持这一机制，可覆盖函数的调用通常被实现为间接调用。但是，如果这个类没有子类，或者它的子类没有覆盖这个方法，那么就可以直接调用这个方法。链接器可以对这种情况进行特殊优化，以避免面向对象语言在继承时效率下降。普林斯顿大学的 Fernandez 曾经实现过一个针对 Modula-3 链接器的优化，可以将 79% 的间接调用转换为直接调用，同时减少了 10% 的指令。

一种更激进的方法是对整个程序在链接时进行标准的全局优化。Srivastava 和 Wall 实现过一个名为 OM 的链接器的优化方案，可以将 RISC 体系结构的目标代码反编译为一种中间格式的数据，并尝试使用一些传统的优化方法，例如使用内联的方式展开过程调用这样的高层次优化，或者用速度更快但限制更多的指令替换速度稍慢但更常用的指令这种低层次优

⊖ 由于名称空间的原因，在函数内部或者类内部定义的函数，即使函数名相同也是不会出现冲突的，但是这个方案将所有的函数都变成了全局的，就要处理冲突了。——译者注

化。在这之后，再重新生成目标代码。在 64 位体系结构上，这些优化的效果非常明显。例如，在一个 64 位的 Alpha 体系结构中，在访问静态变量或者全局数据，以及调用例程时，首先将从指针池中找到一个指向目标地址的指针，将其加载到寄存器中，然后利用该寄存器作基址寄存器进行访问（指针池的基地址放在另一个全局寄存器中）。在 OM 优化链接器中，会找到代码中对位置相邻的若干个全局变量或静态变量的连续访问，如果这些变量的位置足够靠近，那么将它们的访问过程替换为基于同一个寄存器的相对寻址访存。基于这一设计思想，重写目标代码以尽可能去除代码中从全局指针池中加载地址指针的操作。在这个优化方案中，也可以找到那些跳转地址范围在 32 位地址范围内的过程调用，使用跳转到子例程替换原来的间接调用过程，从而直接跳转到函数入口以提高效率。它也可以重新排列公共块的位置，使得较小的块可以排列在一起，这样以增加同一个指针被引用的次数[⊖]。通过使用上述这些优化方案，及其标准优化技术，OM 对可执行程序的优化非常明显，在一些 SPEC 指标程序中指令数降低了 11%。

　　Tera 计算机的编译器工具采用了非常激进的链接时优化，以充分利用 Tera 的高性能、高并行的硬件体系结构。在这一解决方案中，C 语言的编译器并没有直接生成目标代码，而是完成了源代码片段规整和切割操作，并提取了必要的符号信息。链接器来解析各个模块之间的引用关系，汇集所有的源代码并最终生成目标文件。鉴于代码生成器最终处理整个程序的所有源代码，因此它可以实施很多激进的全局优化，例如将高频调用的函数按照内联函数的方式展开，而且这种优化不再局限有模块的内部，实现跨模块的优化。同时，为了使编译过程不至于太慢，这个系统采用了增量编译和增量链接。在重新编译过程中，链接器会在上次得到的可执行程序的基础上开始工作，仅仅重新生成那些对应源代码文件发生了改变的代码（由于采用了优化和内联处理，由这些文件生成的代码即使没有改变，也要重新生成），并生成新的更新的可执行程序。Tera 系统中所有的编译和链接技术几乎没有什么是新的，但是它是一个能够将这么多激进的优化方案同时集成到同一个系统中的编译工具。

　　也有一些链接器实现了一些体系结构相关的优化。如多流的超长指令字机器具有大量的寄存器，并且寄存器内容的保存和恢复是一个主要的瓶颈。有一个优化方案分析了例程之间的调用关系，利用统计数据找出那些频繁调用的例程，然后它修改了代码中所使用的寄存器，以尽量减少例程的调用者和被调用者之间重叠使用的寄存器数量，进而尽量减少了保存和恢复的次数。

11.5　链接时代码生成

　　在链接过程中，很多链接器会生成少量的目标代码，例如，UNIX 的 ELF 文件的 PLT 中的跳转项。但是一些实验链接器会产生比那更多的代码。

　　Srivastava 和 Wall 的优化链接器首先将目标文件反编译为一种中间格式的代码。多数情况下，如果链接器想要中间格式代码的话，它可以很容易地通知编译器跳过代码生成，创建由中间格式组成的目标文件，让链接器去完成代码生成工作。Fernandez 给出的链接器优化

　　⊖　较小的块排列在一起时，由于每一块都比较小，产生的偏移不会太大，因此它们可以共用一个基地址指针。——译者注

方案就是这么做的。链接器可以使用所有的中间格式代码，对其进行大量的优化工作，然后再为输出文件产生目标代码。

商用的链接器很少使用中间格式的代码进行代码生成。其中一个重要的原因是中间格式的代码语言会趋向于原本的高级语言。设计一种中间格式代码的语言以处理 Fortran 的程序并不难，甚至可以让它同时兼容 C 和 C++ 等相似的语言，但是要想让它再兼容诸如 COBOL 和 Lisp 这样共性很少的语言，就会变得相当困难。商用链接器的设计目标是链接从任何编译器和汇编器生成的目标代码，而使链接器又重新和特定编程语言关联起来是会有问题的。

11.5.1　链接时采样和插桩

有一些小组曾编写过链接时采样和优化的工具。华盛顿大学的 Romer 等人编写了一个在 Windows x86 下运行的工具 Etch。它分析 ECOFF 格式的可执行程序，找到主程序及其所调用的动态链接库中的可执行代码（以及配套的数据）。在这个基础上，建立了一个调用关系的采样分析器和指令的调度器。这个项目的主要困难是如何解析 ECOFF 可执行文件格式，以及如果有效识别 x86 复杂的指令编码。

DEC 的 Cohn 等人曾写过一个名为 Spike 的软件，这是针对基于 Alpha 处理器 Windows NT 格式可执行程序的优化工具。它既向可执行程序和动态链接库中增加具有采样功能代码，又可以使用这些采样指令得到的数据进行程序的优化，例如改进寄存器分配，重新组织可执行程序以提高 cache 的命中率等。

11.5.2　链接时汇编

将汇编语言用作中间格式代码，是在链接传统二进制目标代码和链接中间格式代码之间的一个妥协。链接器将整个程序全部汇编语言代码进行汇编以生成输出文件。MINIX 系统（一个类似 UNIX 的小型操作系统，是 Linux 系统的先驱）就是这么做的。

汇编语言与机器语言非常接近，因此任何编译器都可以生成；从另一个方面说，它也足够高级，可以进行一些有用的优化，例如无用代码消除、代码重组以及一些强度折减操作[⊖]。在汇编语言层面，甚至可以进行指令集优化，可以针对所有用到的指令进行二次编码，从而构建一个新的指令集，只包含这些程序中用到的指令。

由于汇编过程的执行速度很快，因此这样的系统可以很快地执行。如果目标代码中能够嵌入一些源代码的标识，而不只是单纯的汇编源代码时，这个工作的效果会更好。在编译器中，识别源代码中的标识，并将其转换成相应汇编语言的过程才是整个处理过程中最慢的部分。

11.5.3　加载时代码生成

也有一些系统将代码生成工作从程序链接时推迟到了程序加载时。Franz 和 Kistler 曾经

⊖　强度折减是指使用容易实现的指令代替那些代价较大的指令，常见的强度折减是用移位指令代替 2 的整数幂的乘除法指令。——译者注

创建过一个瘦二进制（slim binary）格式，与苹果 Macintosh 系统的胖二进制（fat binary）格式相对应。胖二进制格式的设计目标是为了让程序中同时包含老式的 68000 处理器的目标代码以及更新的 Power PC Mac 的目标代码。瘦二进制实际上是将程序模块的逻辑抽象分析后，再用一种压缩编码进行存储的格式。程序加载器读取和展开瘦二进制文件，并在内存中为模块生成可执行的目标代码。瘦二进制格式的发明者声称现代 CPU 的速度非常之快，因此程序加载的时间主要取决于磁盘 I/O，即便需要一个额外的代码生成阶段，也不会让程序的性能降低，因为瘦二进制使用了压缩技术，它的磁盘文件通常很小，因此它的加载过程甚至要比标准二进制文件快一些。

瘦二进制格式最初是为支持 Oberon 而创建的，这是一种类似 Pascal 的强类型语言，能够运行在 Macintosh 和基于 x86 平台的 Windows 上，并且看起来在这些平台上工作得很好。它的作者也希望瘦二进制格式可以兼容其他程序语言和体系结构，并同样能够出色地工作。这种说法实际上站不住脚。Oberon 程序之所以有这么好的可移植性，是因为它是一种强类型的语言，而且瘦二进制运行环境的一致性也很好。已经支持的三种目标机器⊖在数据和指针格式方面都非常接近，最大的差异就是 x86 上的字节顺序不同。对于通用中间格式语言（universal intermediate language）的探索可以说是由来已久，甚至可以一直追溯到 20 世纪 50 年代的 UNCOL 项目。很可惜的是，UNCOL 项目仅在少量的代码和编程语言上取得了令人欣喜的进展，在大规模扩展时最终失败了。很难想象瘦二进制格式如何有效规避 UNCOL 遇到的困难。但是如果只用作一些相似运行环境的程序发行格式，例如兼容基于 68K 或 PPC 的 Mac，以及基于 x86、Alpha 或 MIPS 的 Windows，它应该可以工作得很好。

IBM 的 System/38 和 AS/400 多年前就采用了类似的技术，以实现不同硬件体系结构的机器之间的二进制软件兼容。在这个方案中所定义的虚拟机器语言拥有一个巨大的单级地址空间，这个虚拟指令集从来没有被实现出来。当一个 S/38 或 AS/400 二进制程序被加载时，加载器将虚拟指令代码翻译为机器上实际运行的处理器所对应的机器代码。翻译后的代码被缓冲起来，以备下次该程序运行时加快加载速度。这一技术的应用，使得 IBM 可以在不断升级系统的同时保持软件的二进制兼容，无论是带有多个 CPU 板的中等规模系统，还是运行单个 Power PC CPU 的桌面系统，它们都可以使用同一套软件。虚拟指令集的定义非常严谨，虚拟指令到机器指令的翻译也很完善，因此开发人员可以在虚拟指令层面完成开发和调试，甚至不用关心物理 CPU 的指令集。不得不说，如果不是一家公司完全控制了这种虚拟体系结构，同时又控制了所有运行这种程序的计算机型号，这种策略很可能无法实现。而且这一策略也没有太多的性能浪费，它可以说是一种最大化发挥廉价硬件的性能的有效方法。

11.6　Java 的链接模式

Java 编程语言的加载和链接模式非常复杂，也非常有趣。Java 源程序是一种语法上和 C++ 很相似的强类型面向对象语言。Java 的有趣之处在于它定义了一个可移植的二进制目标代码格式，并定义了一种虚拟机专门用于运行这种二进制格式的可执行程序，它还定义了一

　⊖　即前文提到的 68000、Power PC 和 x86。——译者注

套加载系统，可以支持一个 Java 程序在运行中向它自己增加代码。

Java 通过类来组织程序，程序中的每一个类都编译到一个单独的二进制目标文件中。每一个类定义其类成员变量，每一个类的对象都会有自己的成员变量副本。类中也可能会定义一些静态变量，也会定义一系列成员函数，专门用于操作类的成员变量。Java 采用单继承模式，同时还定义了一个通用的基础类型 Object，每一个类都是 Object 类的直接或间接后裔。一个类从它的父类继承所有的成员变量和成员函数，并且可以增加新的成员变量和成员函数，也可以覆盖在父类中已经存在的函数。

Java 每次加载一个类。Java 程序从初始类开始，也就是程序的第一个类，它的加载方法会根据实现的不同而有差异。如果这个类引用了别的类，则那些类也会在需要的时候被加载。Java 的运行环境中有一个内建的自举类加载器（bootstrap loader），应用程序可以借助它从磁盘上的文件中加载类，也可以使用自己的类加载器以任何自己想采用的方法来创建和恢复类。使用自定义的加载器，程序可以通过网络链接获得类文件并加载它，也可以从压缩文件或加密文件中提取代码并加载，甚至可以在运行时自己生成代码然后加载。当一个类 A 引用了类 B 而导致类 B 被加载时，系统会为类 B 使用与类 A 相同的加载器。每一个类加载器各自具有独立的名字空间，因此如果有两个应用程序一个从磁盘上运行，另外一个从网络上运行，即使它们的类名或类成员名称完全相同，也不会发生名称冲突。

Java 的加载和链接过程规范定义得非常详细。当虚拟机需要使用一个类时，首先它通过调用类加载器加载这个类。当类被加载后，就进入链接阶段，包括二进制代码的有效性验证过程，分配类的静态成员变量等。最后一步是初始化，在为一个类创建第一个实例对象或者第一次运行该类的静态函数时，会运行初始化静态成员的所有相关例程。

加载 Java 类

加载和链接是两个独立的过程，在开始链接一个类之前，都需要确认是否它的所有父类都已被加载并链接好了。这个过程大致相当于对类的继承关系树的两次遍历，先从下向上回到所有类的父类，再从上向下回到这个要加载的类，整个如图 11-4 所示。加载过程的第一步是以类的名称为参数调用 classLoader 过程。类加载器找到这个类的相关数据，然后调用 defineClass 将数据传递给虚拟机。defineClass 分析类文件并进行一系列的格式错误检查，如果发现任何错误就会抛出一个异常（exception）。接下来它也会查看这个类的父类，如果它的父类没有被加载，还要调用 classLoader 递归地加载该类的父类，以及父类的父类等。当调用返回时，父类就被加载和链接好了，这时 Java 系统继续从这里开始链接当前的类。

下一步就是验证，这里需要进行一系列的静态检查以确认程序的正确性，例如检查以确保每一个虚拟指令都有一个正确的操作码，每一个跳转指令的目标位置都存着有效的指令，每一个指令都能正确处理所引用数值的类型等。一旦验证通过，在程序运行时就可以不必再做检查，因此可以提高程序的执行速度。如果验证时发现了错误，它会抛出一个异常。接下来，准备阶段会为类中所有的静态成员分配存储空间，然后将它们初始化为标准的缺省值，一般都是 0。大多数 Java 的实现方案还会在这时创建一个方法表，其中每一项都是一个指针，依次指向该类的所有方法，包括自己定义的以及从父类继承来。

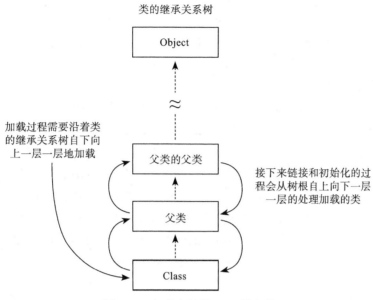

图 11-4　加载和链接 Java 类文件

Java 链接的最后一步就是解析，相当于其他语言的动态链接过程。每一个类包含一个常量池（constant pool），其中既有常规常量，如数字和字符串等，也有对其他的类的引用。在编译好目标文件中，所有对类的引用即便是对其父类的引用，也都是通过符号完成的，这个符号会在类加载之后进行解析（一个类被编译之后，即使它的父类发生了改变，只要子类中使用到的成员变量和成员函数仍然能够保持兼容，那就不会出现问题）。符号解析不是加载之后立即执行的，按照 Java 的设计规范，运行时环境可以在验证完成之后，到符号真正被使用（例如，调用父类或其他类中定义的函数）之前的时间段内自由地选择在什么时机进行符号解析。如果符号解析失败了，不管什么时候完成的解析工作，只有在这个符号被使用的时候才会触发异常，这样程序的行为就好像 Java 使用了 Just-In-Time 的延迟解析策略。符号解析的灵活性使得系统的实现也可以多种多样。有一种实现方案选择将类的虚拟指令翻译为本地机器码，并在程序开始时就立即解析所有的符号引用，并在生成的机器码中直接嵌入目标地址和偏移量，当遇到无法解析的符号引用时，就嵌入一个跳转指令跳转到异常运行时处理例程。还有的方案则会实现一个纯解释器，它随着程序的运行逐句地翻译虚拟指令，并同时解析遇到的符号。

这种加载和链接的设计方案所带来的影响是类可以按需加载和解析。Java 的垃圾收集策略也可以像收集其他数据那样收集类，只要一个类的所有引用都被删除了那么这个类就可能会被卸载。

Java 的加载和链接模式是我们在这本书里涉及的最复杂的方案。Java 也采用了一些提升设计，以满足一些看起来互相矛盾的设计需求，一方面需要满足可移植性和类型安全，另一方面又要求让程序运行地足够快。为此，Java 的加载和链接模式支持增量加载，使用了类型安全环境下的绝大多静态验证技术，也支持以类为单位将虚拟指令翻译为机器指令以获得更高的运行速度。

11.7　练习

1.　你所使用的链接器在链接一个规模较大程序时，完全链接好需要多长时间？使用工具分析一下链接器把时间花在了哪些操作上（在没有链接器源代码的情况下，跟踪系统调用也可以帮你获得很多信息）？

2.　查看一个 C++ 或其他面向对象的编译器生成的代码。链接时优化可以在哪些地方发挥作用？为了让链接器做一些更深层次的优化，编译器可以在目标模块中嵌入什么信息？共享库对这个过程有什么影响？

3.　将一个你喜欢的 CPU 的汇编语言扩展为目标语言。你打算如何处理程序中的符号？

4.　AS/400 使用二进制翻译技术实现了在不同机器型号之间的二进制代码兼容。IBM 360/370/390，DEC VAX 和 Intel x86 都选择使用微码（microcode）在不同硬件平台上实现相同指令集接口。AS/400 所采用策略的优势在哪里？采用微码的优势在哪里？如果让你定义一个新的计算机体系结构，你会采用哪种方案呢？

11.8　项目

项目 11-1　为链接器增加一个垃圾收集器。假定每一个输入文件有多个代码段，其名称分别为 .text1、.text2 等。利用符号表和重定位项建立一个全局的定义 / 引用表，并识别出那些没有被引用的段。你必须增加一个命令行参数，用于将启动例程设置为被引用的（如果不这么做会发生什么呢？）。在垃圾收集器运行后，删除无用段占据的空间并更新剩下的段的位置。

改进这个垃圾收集器，使它可以反复运行。每一次运行后，更新定义 / 引用表去除那些应该被删除的段，然后再次运行垃圾收集器，直到不再有任何东西被删除掉为止。

参考文献

Apple Computer. "Inside Macintosh: MacOS Runtime Architectures." *developer.apple.com/techpubs/mac/runtimehtml/RTArch-2.html.*

AT&T. *System V Application Binary Interface.* UNIX Press/Prentice Hall, Upper Saddle River, NJ; 1990.

AT&T. *System V Application Binary Interface, Intel 386 Architecture Processor Family Supplement.* Intel order number 465681, 1990.

AT&T, *System V Application Binary Interface, Motorola 68000 Processor Family Supplement.* UNIX Press/Prentice Hall, Upper Saddle River, NJ; 1990.

Barlow, Daniel. "The Linux GCC HOWTO." 1996. *www.linux-howto.com/LDP/HOWTO/GCC-HOWTO.html.*

Cohn, Robert, David Goodwin, P. Geoffrey Lowney, and Norman Rubin. "Spike: An Optimizer for Alpha/NT Executables." In USENIX Windows NT Workshop, August 11–13, 1997.

Ellis, Margaret, and Bjarne Stroustrup. *Annotated C++ Reference Manual.* Addison-Wesley Longman, Reading, MA; 1990. Includes the C++ name mangling algorithm.

Fernandez, Mary. "Simple and Effective Link-Time Optimization of Modula-3 Programs." Programming Language Design and Implementation 95 Proceedings (*ACM SIGPLAN Notices,* vol. 30, no. 6, June 1996, pp. 102–115).

Franz, Michael, and Thomas Kistler. *Slim Binaries.* Department of Information and Computer Science, University of California at Irvine, Technical Report 96-24, 1996.

Fraser, Christopher, and David Hanson. "A Machine-Independent Linker." *Software Practice and Experience,* vol. 12, 1982, pp. 351–366.

Gries, David. *Compiler Construction for Digital Computers.* Wiley, NY; 1971. Contains one of the best available descriptions of IBM card image object format.

Hoffman, Paul. *Perl for Dummies.* IDG Books, Foster City, CA; 1998.

IBM. *MVS/ESA Linkage Editor and Loader User's Guide.* Order number SC26-4510, 1991. Also available at *www.ibm.com/.*

Intel. *8086 Relocatable Object Module Formats.* Order number 121748, 1981.

Intel. *Tool Interface Standard (TIS) Formats Specification for Windows Version 1.0.* Order number 241597, 1993. Describes PE format and debug symbols, although Microsoft has changed them since this came out.

Intel. *Tool Interface Standard (TIS) Portable Formats Specification Version 1.1.* Order number 241597, 1993. Also at *developer.intel.com/vtune/tis.htm.* Describes ELF, DWARF, and OMF for x86.

Kath, Randy. "The Portable Executable File Format from Top to Bottom." 1993. *premium.microsoft.com/msdn/library/techart/msdn_pefile.htm.*

Lindholm, Tim, and Frank Yellin. *The Java Virtual Machine Specification.* Second edition. Addison-Wesley Longman, Reading, MA; 1999.

Microsoft. *Portable Executable and Common Object File Format Specification, Revision 5.0.* October 1997. *premium.microsoft.com/msdn/library/specs/ pecoff/microsoftportableexecutableandcommonobjectfileformatspecification.htm.*

Pietrek, Matt. "Peering Inside the PE: A Tour of the Win32 Portable Executable File Format." 1994. *premium.microsoft.com/msdn/library/techart/msdn_ peeringpe.htm.*

Pietrek, Matt. *Windows 95 System Programming Secrets.* IDG Books, Foster City, CA; 1995.

Quong, Russell, and Mark Linton. "Linking Programs Incrementally." *ACM TOPLAS,* vol. 13, no. 1, 1991, pp. 1–20.

Romer, Ted, Geoff Voelker, Dennis Lee, Alec Wolman, Wayne Wong, Hank Levy, and Brian Bershad. "Instrumentation and Optimization of Win32/Intel Executables Using Etch." In USENIX Windows NT Workshop, August 11–13, 1997.

Schwartz, Randal. *Learning Perl.* O'Reilly, Sebastopol, CA; 1993.

Srivastava, Amitabh, and David Wall. "Link-Time Optimization of Address Calculation on a 64-bit Architecture." 1994. *www.research.digital.com/wrl/ techreports/abstracts/94.1.html. SIGPLAN Notices,* vol. 29, no. 6, pp. 49–60.

Srivastava, Amitabh, and David Wall. "A Practical System for Intermodule Code Optimization at Link Time." 1993. DEC Western Research Lab TR-92.6, *www.research.digital.com/wrl/techreports/abstracts/92.6.html.*

Venners, Bill. *Inside the Java Virtual Machine.* Second edition. McGraw-Hill, New York;; 1999.

Wall, Larry, Tom Christiansen, and Randal Schwartz. *Programming Perl.* Second edition. O'Reilly, Sebastopol, CA; 1996.